U0290386

现代果树繁育技术

曹 慧 夏海武 著

科学出版社

北京

内 容 简 介

本书包括绪论果树的诱变育种、果树多倍体育种、果树的脱毒快繁技术、果树的性细胞培养及倍性育种、果树的原生质培养与细胞杂交、果树的分子标记辅助育种、转基因果树等新的果树育种技术与方法。

本书可作为园艺、农学及生物类专业的本科生或研究生学习及参考用书,也可供相关科研人员参考。

图书在版编目(CIP)数据

现代果树繁育技术/曹慧,夏海武著 . —北京:科学出版社,2014.6
ISBN 978-7-03-041104-4

I.①现… Ⅱ.①曹…②夏… Ⅲ.①果树-育苗 Ⅳ.①S660.4

中国版本图书馆 CIP 数据核字(2014)第 129191 号

责任编辑:吴美丽 / 责任校对:胡小洁
责任印制:肖　兴 / 封面设计:谜底书装

科 学 出 版 社 出版
北京东黄城根北街 16 号
邮政编码:100717
http://www.sciencep.com
新科印刷有限公司 印刷
科学出版社发行　各地新华书店经销

*

2014 年 6 月第　一　版　　开本:787×1092　1/16
2014 年 6 月第一次印刷　　印张:9 1/2
字数:225 000

定价:29.80 元
(如有印装质量问题,我社负责调换)

前　言

在世界农业发展史上,曾出现过几次大的农业革命,被称为"绿色革命"。20 世纪五六十年代的绿色革命是以高秆变矮秆为标志的优质、高产小麦和水稻良种的全面推广,它使全世界粮食产量跃上了一个新的台阶,缓解了当时墨西哥、印度等国因人口增长过快而面临的粮食危机。20 世纪 70 年代初,我国杂交水稻的成功创造了更高的农业奇迹。21 世纪,现代生物技术在农业生产诸多领域得到了广泛的应用,并取得了显著的成效,有力地推动着农业生产实现新的绿色革命。

我国是一个人口众多的农业大国,随着国民生活水平的提高,在解决了温饱问题之后,人们对水果的需求越来越迫切。然而,因为果树育种有其本身的特点,例如,果树的世代周年长,耗费的场地面积大;大多果树种类是一个高度杂合体,需要有大量的实生苗群体;许多果树的多倍体特性,造成遗传分析上的困难等,果树育种难度更大。

应用现代科学技术手段改良果树,提高水果的产量、种类和品质是一个十分紧迫和重要的任务。近几十年来,由于现代科学技术的发展和相互渗透,推动了果树育种的现代化途径与技术方法的研究。现在已经不仅仅单纯依靠选择自然芽变和人工杂交等传统育种方法,而且还利用近代物理学、化学的方法开展人工诱变,包括辐射育种和多倍体育种;利用现代生物技术进行单倍体育种及其他有关组织培养技术和基因工程育种。现在多学科的发展还为果树育种提供了一些新概念、新见解,从而丰富了果树育种技术及其理论研究的内容。

果树辐射诱变育种是继实生选种和杂交育种后发展起来的一项技术。果树辐射诱变育种不但可以大大提高果树基因突变频率,缩短育种年限,而且可以产生少量突变,在改良品种的同时又不会改变原有品种的固有优质性状,从而获得常规育种难以获得的新种质。早在 1944 年,瑞典的 Gustavuson 等就开展了苹果的辐射诱变研究工作,发表了 X 射线对苹果形态学效应的报告,并获得了一些果实着色良好的突变。随后加拿大、法国、美国、日本、荷兰、阿根廷等多个国家均相继开展了果树辐射育种的研究工作。我国也于 20 世纪 60 年代开始了果树的辐射育种工作。

自从 1902 年德国著名植物学家 Haberlandt 首次进行高等植物的组织培养实验,并提出植物细胞全能性理论以来的 100 多年中,许多学者对此付出了不懈的努力,使得植物组织与细胞培养技术得到了蓬勃发展。特别是近半个世纪以来,植物组织培养技术取得了惊人的进步,并在生产实践中得到广泛应用,取得了巨大的效益。同时,植物组织与细胞培养技术在单倍体育种、原生质体融合和基因工程植物的再生和培养中起着重要的作用,为现代果树育种技术的发展提供了坚实的基础。

1983 年,Zambryski 等采用农杆菌介导法转化烟草,培育出世界上第一例转基因植物,这标志着植物基因工程的诞生。自此植物基因工程研究得以快速发展,特别是 1994 年,第一个转基因植物产品——延熟保鲜转基因番茄获得美国农业部(USDA)和美国食品与药品管理局(FDA)批准进入市场以来,转基因植物产品进入实用阶段。此后,转基因植物研究及商品化种植日新月异,硕果累累。转基因果树也已培育成功。

为了反映现代果树育种新技术的研究成果和更好地体现果树育种新技术的原理和技术体系,本书在写作过程中引用了多位学者公开发表的论文和著作成果,在此对这些为果树育种技术的发展作出贡献的学者表示真诚的感谢。

果树育种技术在不断地发展,新的技术在果树育种上不断应用,由于作者知识更新和水平的限制,加之时间比较仓促,书中难免有一些不足之处,恳请各位同行和读者批评指正。

曹　慧

2014 年 1 月

目　　录

第一章 绪 论

第一节 果树繁育技术的发展史

旧石器时代,人类是靠采集和狩猎来生活的;进入新石器时代,人类开始了栽培植物和饲养动物,而且是在保护其他生物的基础上来利用它们。这一点人类和其他生物的关系已与过去有所不同。栽培植物和饲养动物,可以看成是人类从很多野生动、植物中选择了人们易于管理的生物,在栽培和饲养条件下有意或无意地改良了它们的遗传特性。在栽培条件下植物特性发生了诸多变化,例如,种子不飞散、发芽整齐一致、植物体和种子的大型化、种子和果实的特殊颜色、毛刺等防御构造的消失、食物和饲料的食味、向自花授粉及一年生方向改变等。所有这些变化,在野生条件下不一定是有利的。栽培植物的进化可以说是处于人类的干预之下进行的,而且可以说育种是按照人们意志的定向生物进化。

生物的进化是从遗传物质的变异(基因突变、染色体的结构变异、染色体的数量变异、细胞质变异)及遗传物质重组产生的各种类型中选择适应的类型,由适应的类型组成群体且被隔离产生。人为地诱发遗传物质的变异及遗传物质的重组,再进行选择及隔离等过程,就形成了育种。

植物进行有性生殖是 17 世纪才被人们认识到的,进入 18 世纪后人们开始对植物进行人工杂交,1900 年孟德尔(G. J. Mendel)发现遗传规律后,迅速发展的遗传学、细胞遗传学提高了人们对有性生殖及基于有性生殖的遗传变异的本质认识,巩固了品种间杂交和种间杂交育种的基础。

进入 19 世纪,人们开始了试验误差及与此有关的田间试验方法的研究。19 世纪中期导入了作为提高选择精度的后代鉴定法。

约翰生(W. L. Johannsen)于 1903 年提出了"纯系学说",明确了生物的变异是由遗传因素和非遗传因素两个方面引起的,就育种而言只是前者才有用。后来,费希尔(R. A. Fisher)、赖特(S. Wright)和霍尔丹(J. B. S. Haldane)等应用数理统计方法分析性状的遗传变异,推断群体的各项遗传参数,开辟了用数量分析的方法来确定变异在多大程度上由遗传因素决定的道路。另外,19 世纪中期达尔文(C. R. Darwin)(1859)在《物种起源》一书中明确了生态的适应方式,论述了出于适应类型被选择,生物产生进化的观点。进入20 世纪后,人们对与适应有关的各种性状进行了性状表现的遗传、生理、生态的基础研究,还研究了既简单而又正确的选择方法。这样就奠定了有计划地高效率地进行育种的基础。

1916 年,沙尔(G. H. Shull)发现玉米的杂种优势现象,并于 1917 年开始用显性学说以解释杂种优势的原因。之后许多学者在燕麦、小麦等植物上进行的远缘杂交研究,最终将野生种的抗病基因成功转入栽培种,培育出了抗小麦秆锈病的新品种。

1927 年,斯特德勒(L. J. Stadler)用 X 射线在内的多种具有离子化学反应的放射线、紫外线、化学药剂等成功地诱导玉米产生突变。1934 年,Dustin 等发现秋水仙素对细胞分裂起作用,1937 年布莱克斯里(A. F. Blakeslee)等应用秋水仙素加倍染色体数目,奠定了多倍体育种方向。1933 年,Rhodes 等最先发现玉米细胞质雄性不育性,为以后许多植物利用雄性不育特性获得杂种优势打下了理论基础和准备条件。1949 年,Chase 等发现可用单倍体方法获得玉米的纯合二倍体。

在施莱登(M. J. Schleiden)和施旺(T. Schwann)创立的细胞学说的基础上,1902 年德国植物生理学家哈布兰特(G. Haberlandt)提出了高等植物的组织和器官可以不断分割,直到单个细胞,并可以通过培养把植物的体细胞培养成为人工胚,每个细胞都像胚胎细胞那样可以经过在体外培养成为一棵完整的植株。

1904 年,德国植物胚胎学家汉宁(E. Hanning)对萝卜和辣根的胚进行培养,提早长成了小植株。1922 年,哈布兰特的学生 Kotte 和美国的 Robbins 采用无机盐添加糖和各种氨基酸的培养基对豌豆、玉米、棉花等根尖和茎尖进行培养,结果形成了缺绿的叶和根,并能进行无限地生长。1925 年,Laibach 将亚麻种间杂交不能成活的胚取出培养,使杂种胚成熟,继而萌发成杂种植株。

1934 年,美国植物生理学家怀特(White)用无机盐、糖类和酵母提取物的培养基,进行番茄根尖培养,建立了第一个活跃生长的无性繁殖系,并能无限地继代培养,获得了离体根培养的真正成功。在以后的 28 年间转接 1600 代仍能生长,并利用根系培养物研究了光照、温度、pH、培养基组成对根生长的影响。接着,他用 3 种 B 族维生素——吡哆醇(B_6)、硫胺素(B_1)和烟酸(B_3)代替了酵母提取物,于 1937 年配制成适合根培养的 White综合培养基,发现了 B 族维生素对离体根生长的重要性。

法国的 Gautheret(1934)在培养基中加入 B 族维生素和生长素后,使山毛柳形成层生长并形成愈伤组织。Nobecourt 在培养胡萝卜根时,发现中央髓部细胞分裂活性很强,细胞增殖很快,愈伤组织每 4～6 周转接一次,可无限继代下去,这是首次从液泡化的薄壁细胞建立的愈伤组织培养物。

在这个时期,由于 White、Gautheret、Nobecourt 等的出色工作,建立了植物组织培养的综合培养基,它包括无机盐成分、有机成分和生长刺激素。同时也建立了进行植物组织培养的基本方法,成为当今各种植物组织培养技术的基础。怀特于 1943 年出版了《植物组织培养手册》,这是第一部有关植物组织培养技术的专著。

1948 年,Skoog 和我国学者崔澂在烟草髓培养研究中,发现腺嘌呤或腺苷可以解除培养基中生长素(IAA)对芽的抑制作用,并诱导成芽,从而发现了腺嘌呤/生长素的比例是控制芽和根分化的决定性因素之一。随后,在寻找促进细胞分裂的物质中,Miller 等发现了激动素(KT),它和腺嘌呤有相同的作用,且效果更好,比腺嘌呤活性高 3 万倍。Skoog 和 Miller(1957)提出植物激素控制器官形成的概念,指出在烟草髓组织培养中,根和芽的分化取决于细胞分裂素和生长素的相对浓度,比例高时促进芽的分化,比例低时促进生根。这一概念至今被人们所接受。

Steward 和 Reinert 1956 年进行胡萝卜根愈伤组织的液体培养,其游离组织和小细胞团的悬浮液可以进行长期继代培养。他们于 1958 年以胡萝卜的悬浮细胞诱导分化成完整的小植株,并且开花结实,使 50 余年前哈布兰特细胞全能性假说首次得到科学的验证,这一成果大大加速了植物组织培养研究的发展。

1960年,Morel等对兰花茎尖进行组织培养,不仅能够快速繁殖兰花,还可以脱除病毒。其后植物离体微繁殖技术和脱毒技术得到快速发展。

1964年,Guha和Mabeshwari成功地从曼陀罗花药培养中诱导出单倍体植株。随后,Kameya和Hinata于1970年用悬滴法培养甘蓝和芥蓝杂种一代的成熟花粉,从单花粉培养中获得了单倍体植株,从而促进了植物单倍体细胞育种技术的发展。我国朱至清等(1975)设计的 N_6 培养基,适合水稻和其他禾本科植物花药培养,在世界各国得到广泛应用,促进了花药培养的研究。

1960年,Cocking利用纤维素酶和果胶酶酶解细胞壁获得高产量的原生质体以后,原生质体培养发展起来。1971年,Takebe和Nagata对烟草叶肉细胞原生质体进行培养,6周后把形成的小细胞团转移到分化培养基上,3~4周后分化出大量的芽,最后诱导生根,首次将原生质体培养成完整植株。

1972年,Carlson用 $NaNO_3$ 作融合剂,使粉蓝烟草和郎氏烟草原生质体融合,首次获得两个烟草种间体细胞杂交株。Melchers等(1978)获得了马铃薯和番茄的属间体细胞杂种,而且该杂种具有耐寒性。

基因工程的出现是建立在几个重大发现和发明基础上的。1953年,Watson和Crick发现了DNA双螺旋结构,阐明了遗传信息传递的中心法则,使得人们对基因的本质有了越来越多的认识,也奠定了基因工程的理论基础。

1972年,美国斯坦福大学Berg博士的研究小组首次使用限制性内切酶 $EcoR$ I 分别对猿猴病毒SV40 DNA和λ噬菌体DNA进行酶切,然后用T4 DNA连接酶将两种酶切片段连接起来,第一次在体外获得了包括SV40和λDNA的重组DNA分子。

1973年,Colen等将两种分别编码卡那霉素和四环素的抗性基因进行连接,构建重组DNA分子,然后转化大肠杆菌,获得了既抗卡那霉素又抗四环素的具有双重抗性的转化子菌落,第一次实现了基因克隆,基因工程也由此宣告产生。

植物基因工程对植物育种的影响有间接作用和直接作用。间接作用是筛选分子标记和构建分子标记遗传图谱,为植物育种提供参考;直接作用就是对植物基因进行遗传操作。

1974年,Grodzicker等第一次将限制性片段长度多态性(restriction fragment length polymorphism,RFLP)用作腺病毒温度敏感突变型的遗传标记。1980年Bostein等首次提出用RFLP构建人类遗传学连锁图,就是利用限制性内切酶酶解DNA片段后,产生若干不同长度的小片段,其数目和每一片段的长度反映了DNA限制位点的分布,可作为某一DNA的特有指纹。

1983年,首批转基因植物(烟草、马铃薯)问世。

1986年,Powell-Abel等首次获得抗烟草花叶病毒(TMV)的转基因烟草植株,展现了转基因植物应用的喜人前景,植物基因工程随即进入快速发展时期。

1989年,简单重复序列多态性(simple sequence repeat polymorphism,SSRP)技术产生。1990年,Weber报道人类DNA中存在短的串联重复序列。所谓微卫星是由2~6bp的重复单位串联而成,一个微卫星长度一般小于100bp。不同品种或个体核心序列的重复次数不同,但重复序列两侧的 DNA 序列是保守的,利用与核心序列互补的引物,通过 PCR 扩增和电泳可分析不同基因型个体在每个 SSR 位点上的多态性。

1990 年,Willians 和 Welsh 等分别研究提出随机扩增多态性 DNA(random amplified polymorphic,RAPD)技术,就是用一个(有时用两个)随机引物(一般 8～10 个碱基)非定点地扩增基因组 DNA 得到一系列的多态性 DNA 片段,然后电泳检测其多态性。遗传材料的基因组 DNA 如果在特定引物结合区域发生 DNA 片段插入、缺失或碱基突变,就有可能导致引物结合位点的分布发生相应变化,导致 PCR 产物增加、减少或发生分子质量变化,产生 RAPD 标记。

1993 年,由荷兰 Keygene 公司科学家 Zabeau 和 Vos 发明的扩增片段长度多态性(amplified fragment length polymorphism,AFLP)技术获得欧洲专利局专利。它结合了 RFLP 技术的可靠性和 PCR 技术的高效性,具有 DNA 用量少,灵敏度高,不需要预先知道基因组的信息等优点。

1993 年,首例转基因植物产品(耐贮存番茄)进入市场。

1993 年,我国第一例转基因作物抗病毒烟草进入大田试验。

1996 年,Lander 提出 SNP。它是对某特定区域的核苷酸序列进行测定,将其与相关基因组中对应区域的核苷酸序列比较,检测出单个核苷酸的差异,这个有差异的 DNA 区域称为 SNP 标记。SNP 标记在大多数基因组中存在较高的频率,数量丰富,可进行自动化检测。

第二节　现代果树繁育技术的研究内容

由于遗传学、生理学、统计学多种学科的进展,推动了果树育种的现代化途径与技术方法的研究。现在已经不单纯是选择自然芽变和人工杂交,而是综合运用分子遗传学与细胞生物学理论,采用生物物理与化学方法、细胞与基因工程技术,对植物品种种性进行改造,并育成新品种或物种,包括人工诱变育种、辐射诱变育种、激光诱变育种、航天诱变育种、离子束诱变育种和多倍体育种;利用植物组织培养技术育种,包括大(小)孢子培养、花粉(药)培养、体细胞杂交、胚培养育种、胚乳培养育种、无融合生殖育种等;分子标记辅助育种、转基因育种等新技术。随着现代农业的不断发展及各类科学对植物育种学的渗透和促进,为果树育种提供了一些新概念、新见解,从而丰富了果树育种及其理论研究的内容,将有更多的新品种不断地被创造和发现,并取得更加辉煌的成就。

第二章 果树的诱变育种

诱变育种就是利用物理或化学诱变剂处理植物材料,如种子、植株或器官,使其遗传物质发生改变,产生各种各样的突变,然后在发生突变的个体中选择符合人们需要的植株进行培育,从而获得新品种。它是人工创育新品种的一种方法,始于20世纪30年代,当人们肯定了X射线和某些化学药剂对植物有一定的诱变作用之后,诱变育种工作才得以发展。根据诱变因素,诱变育种可分为物理诱变和化学诱变两类。

第一节 果树诱发突变的特点

尽管理化诱变育种具有很大的随机性和非定向性变异,但对于以无性繁殖为主的果树来说,诱变育种有其特殊的应用价值,果树诱发突变主要表现在以下几个方面。

1. 提高变异频率,扩大选择范围

遗传变异是自然界普遍存在的一种现象,但植物在自然条件下变异率很低。利用物理或化学方法进行人工诱变则可使突变频率增加百倍以上,甚至千倍,而且变异类型多,范围广。植物的高突变频率和广泛的遗传变异就为新品种的选育提供了丰富的原始材料,若将变异材料进行组织培养,更加深入了解组织内部各个细胞变异的状况,则有可能大大提高诱变频率和扩大诱变谱。此外,人工诱变引起的变异类型多,范围广,有可能产生自然界中从没出现过的变异类型。

2. 改善现有品种的单一不良性状

在现有许多果树品种中,还有某些性状不符合现代化品种的要求。为改变个别不良性状,如采用杂交和选择等常规育种方法,由于基因的分离和重组,往往会引起原有优良性状组合的解体,且有时某些有利基因与不利基因是连锁的。由于诱变处理易于诱发点突变,应用诱变处理可能打破两基因间的连锁关系,或者发生个别基因突变,经过分离选择,可能获得只改造原品种的个别缺点,而不损伤其他优良性状的突变体。

许多果树虽也可以采用有性繁殖,但它们常是高度杂合的,且常是多倍体或非整倍体,因此通过杂交后种子繁殖,后代差异性极大,要在它的实生苗后代中选择出只有某些性状得到改良,而又保持原品种其他优良性状不变的个体是非常困难的。所以,这类果树的品种改良常依赖于选择自然发生的芽变。采用诱变育种的效果明显,可以达到保持其他优良性状不变而只改良某一两个性状的目标。

3. 加快变异性状稳定,缩短育种年限

诱发的变异大多是一个主基因的改变,因此与其他传统育种方法相比,其后代稳定较快。对于无性繁殖的果树,诱变育种显得特别有利,当诱发出现某些优良性状时,即可进行嫁接繁殖,并可以早开花结果,早鉴定,这样便能把优良的突变迅速固定下来。

4. 增强抗逆性,改进品质

利用诱变育种可以增强果树对不良因素的抵抗能力。

第二节　诱变因素的种类及其特点

一、物理诱变育种

物理诱变育种主要指利用物理辐射能源处理植物材料,使其遗传物质发生改变,进而从中筛选优良变异进行品种培育的育种方法。

1. 射线的种类及其特征

物理诱变因素可分为电离辐射和非电离辐射。

（1）电离辐射

电离辐射是指能量较高,能引起物质电离的射线。电离辐射包括 α 射线、β 射线、γ 射线、X 射线、中子等。α 射线是由两个质子和两个中子构成的氦原子流。氦原子与空气分子碰撞便丧失能量,因此可以很容易地被一张纸挡住。β 射线又称乙种射线,它是由放射性同位素（如 ^{32}P、^{35}S 等）衰变时放出来的带负电荷的粒子,质量很小,在空气中射程短,穿透力弱。因此,以上两种射线适合内照射。γ 射线是衰变的原子核释放的能量,又称丙种射线,它是一种高能电磁波,波长很短,穿透力强,射程远,以光速传播,一次可以照射很多种子,而且剂量比较均匀。现在一般是 $^{60}Co\gamma$ 射线;常用的照射装置是钴室。X 射线是由 X 光机产生的高能电磁波。X 射线与 γ 射线很相似。它的波长比 γ 射线长,射程略近,穿透力不如 γ 射线强。中子是不带电的粒子流,在自然界里并不单独存在,只有在原子核受了外来粒子的轰击产生核反应,才从原子核里释放出来。中子的辐射源为核反应堆、加速器或中子发生器。

（2）非电离辐射

紫外线是一种穿透力很弱的非电离射线,可以用来处理微生物和植物的花粉粒。

2. 辐射剂量和剂量率

辐射剂量:单位体积或单位质量的空气吸收的能量。

吸收剂量:单位体积或单位质量被照射物质所吸收能量的数值。

剂量单位:辐射剂量的单位常因不同射线的不同计量方法而不同。

伦琴:简称伦或用 R 符号表示,它是最早应用于测量 X 射线的剂量单位。

拉德:也称组织伦琴,用 rad 表示。它是对于任何电离辐射的吸收剂量单位,1 拉德就是指 1g 被照射物质吸收了 100 尔格的能量。

积分流量:中子射线的剂量计算,是以每平方厘米上通过多少个数来确定的,其单位以中子数/cm^2 表示。

居里:是放射性强度的单位,用 Ci 或 C 表示。

剂量率在辐射育种中很重要,往往用同一剂量处理同一个品种的种子,剂量率不同,辐射效果也不相同。剂量率即单位时间内射线能量的大小。单位以伦/min 或伦/h 来表示。

3. 辐射剂量的选择

辐射剂量的选择是辐射诱变育种成功的关键之一。辐射剂量直接影响突变的频率。所有研究表明,在致死剂量以下,随剂量增大,受照植物的成活率下降,突变频率上升。因此一些学者建议,可将植物的成活率为 60%～70% 时所对应的辐射剂量定为其最适剂量。

4. 辐射处理的主要方法

（1）外照射

外照射是指被照射的种子、球茎、鳞茎、块茎、插穗、花粉、植株等所受的辐射来自外部的某一辐射源。目前外照射常用的是 X 射线、γ 射线和中子。根据使用剂量和照射次数又可分为急性照射、慢性照射和重复照射。急性照射是指在短时间内将所要求的总照射剂量照射完毕,通常在照射室内进行。慢性照射是指在较长时期内将所要求的总照射剂量照射完毕,通常在照射圃场内进行。重复照射是指在植物几个世代中连续照射。外照射的主要优点是:简便安全、可大量处理,所以广为采用。

1）种子照射

种子照射的方法有处理干种子、湿种子、萌动种子 3 种。目前应用较多的是处理干种子。处理干种子的优点是:能处理大量种子;操作方便;便于运输和贮藏;受环境条件的影响小;经过辐射处理过的种子,没有污染和散射的问题。经照射处理的种子应及时播种,否则易产生贮存效应。

2）无性繁殖器官照射

有些植物是无性繁殖的,而且有部分植物从来不结种子,只依靠无性繁殖。诱变育种是对这类材料进行品种改良的重要手段,在诱变育种中只要得到好的突变体,就可直接繁殖利用。

3）花粉照射

花粉照射与种子照射相比,其优点是很少产生嵌合体,即花粉一旦发生突变,其受精卵便成为异质结合子,将来发育为异质结合的植株,通过自交,其后代可以分离出来许多突变体。照射方法有两种:一种是先将花粉收集于容器内,经照射后立即授粉,这种方法适用于那些花粉生命力强,寿命长的植物;另一种是直接照射植株上的花粉,这种方法一般仅限于有辐射圃或便携式辐照仪的单位,可以进行田间照射。

4）子房照射

子房照射也具有不易产生嵌合体的优点。射线对卵细胞影响较大,能引起后代较大的变异,它不仅引起卵细胞突变,也可影响受精作用,有时可诱发孤雌生殖。对自花授粉植物进行子房照射时,应先进行人工去雄,照射后用正常花粉授粉。

5）植株照射

小的生长植株可在钴室中进行整株或局部照射,用试管苗可进行大量的辐射处理。钴植物园是进行大规模田间植株照射辐射育种设施,其优点是能同时处理大量整株材料,并能在植物的整个生长期内、在田间的自然条件下进行长期照射。

（2）内照射

内照射是指辐射源被引进到受照射的植物体的内部进行照射。现在主要的照射源

有 ^{32}P、^{35}S、^{45}Ca、^{14}C 等放射性元素的化合物。内照射具有剂量低、持续时间长、多数植物可以在生育阶段处理等优点,但需要一定的防护措施,且吸收剂量不宜控制,因此在应用上受到一定限制。

1)浸泡法

浸泡法是将放射性同位素配制成一定比例强度的溶液,把种子或枝条浸泡其中,所用放射性溶液的用量应以种子吸胀时能将溶液全部吸干为宜。

2)注射法

注射法是用注射器将放射性同位素注入植物的茎秆、枝条、芽等部位。

3)施肥法

施肥法是将放射性同位素施入土壤或培养液,使植物吸收。

4)饲养法

饲养法是用放射性的 ^{14}C 供给植物,借助于光合作用所形成的产物来进行内照射。

5. 果树辐射育种的效应

在现在所得到的果树突变体中,较为明显的变异主要有:短枝型变异、早熟变异、抗性变异、无籽变异等。

(1)短枝型变异

果树栽培多注重矮化密植,因而选育矮化的品种或砧木就显得至关重要。辐射有利于培育短枝型的品种,现在通过辐射诱变技术已经得到了一些短枝型的突变体。加拿大萨马兰德试验站用 γ 射线辐照樱桃品种'Stella',接穗获得的'Compact Stella'树体矮化程度为亲本的 1/2 大小,自花可育,果实类似亲本品种;杨彬等用 γ 射线和中子结合照射'国光'枝条,选出的'国光'中 7-14 树体矮小,短枝多,六年生树高度只有 145cm,是对照亲本的一半;李志英用 γ 射线辐射梨枝条,各处理都有不同程度的矮化,而且对照差异显著;李雅志等通过辐射选育出的山楂突变枝系 5-4 为短枝型变异,其营养枝节间长度比对照短,差异达到显著水平;谢治芳用快中子辐射阳山油栗,得到"农大 1 号"板栗,其植株表现出高度矮化,只有原植株的 1/2。

(2)早熟变异

加拿大萨马兰德试验站用热中子处理'Eleheim'杏枝条,得到的'Early Blenheim'比亲本品种提前一周成熟。谢治芳等用快中子照射培育出的板栗新品种'农大 1 号',果实成熟期比阳山油栗提早 15d。山东农业大学用 γ 射线和微波组合处理苹果'富士'品种,获得高桩果型,品质优良的突变枝系,与原品种相比早熟 30d。阎安泉等用 γ 射线照射山楂的休眠芽,得到 1 个突变株系,其成熟期比亲本提早 15d。

(3)抗性变异

一些研究表明,抗性是与很多不良性状相连锁的,传统的杂交育种要通过多代回交才能除去与其相连锁的劣质性状,而辐射则可以在一定程度上克服这一困难,获得一些具有抗性的突变新种质。果树抗性育种主要是集中在病害、冻害等因子上。梨黑斑病的抗性由一对隐性主基因控制,当纯合隐性时表现为抗病,杂合时表现为感染。日本的 Testsuyo Sanada 等(1991)和同鸟取县等(1996)用 γ 射线辐照先后选育出了高抗黑斑病'梨金 20 世纪'和'寿新水'。内蒙古呼伦贝尔农业科学研究所蒋洪业等(1980)用 γ 射线处理向阳红梨的休眠枝条育成的'辐72-1'向阳红梨,能抗—30℃的严寒。肖韵琴等用γ射线辐射红玉苹果得到的突变体发病率仅为5%,而对照的发病率为55%。'辐油-20'甜油桃是武汉名华园艺研究所通过辐射育种于2003年选育出的优良新品种,高抗裂果,在地下水位高的平原湖区种植,其他油桃品种都大量裂果,而该品种则很少裂果。

（4）无籽变异

无籽变异的研究主要集中在柑橘上,迄今为止,通过辐射诱变技术已经得到一些少核甚至无核的突变株系。陈力耕等(1981)用γ射线辐照'大红袍'红橘的种子选出的少核红橘'418号'种子数比亲本下降60%。叶自行等(1993)通过辐射育种得到'红江橙'突变体,多年的研究结果显示,平均每果种子数为1.9,达到无核标准。周育彬等(1990)用γ射线辐射'锦橙干'种子选育出的'中育7号'、'中育8号'无核甜橙突变系,田间试验结果表明,与对照相比,这两个突变系平均每果种子数显著减少,'中育7号'平均每果种子0.06~0.51粒,'中育8号'平均每果种子0.71~1.91粒,达到柑橘育种、生产和商业化无核的标准,而且无籽特征较稳定。

辐射诱发柑橘少核或无核品系出现的原因是辐射导致染色体易位和倒位,使得减数分裂过程中出现很多异常行为,染色体易位会使细胞中出现高频率的多价体和单价体;倒位则形成一些落后染色体、染色体桥和微核。这些异常分裂行为的出现影响了同源染色体配对和交叉的正常进行,遗传物质在后代细胞中分配不一致,形成一些不正常的小孢子,最终造成少核和无核。

对于其他果树,无籽变异的研究甚少。李雅志认为,辐射处理山楂枝条是难以获得无籽或少籽变异的,其原因是山楂的硬核是由内果皮起源的,不能通过辐射来去除。

除上述变异外,还发现了关于苹果果皮色泽、贮藏性的变异,山楂的大果型变异等。

6. 突变体的分离、鉴定和选择

分离突变体的方法主要是对辐射后初生枝进行连续摘心和修剪,对基部芽、双杈枝附近的芽,以及发现形态畸变的芽进行转接等,促进突变芽萌发、显现突变体。近年来,随着离体培养分离技术和不定芽技术的发展,使得突变体的分离更加有效。国内外许多研究表明,试材被辐射后,初生枝基部集中了大量的突变细胞。Lapinse等研究认为,试材辐射后生长的初生枝基部芽集中大量的突变细胞。Campell指出,辐射处理后双杈枝附近的芽具有较高的突变率。

果树是多年生植物,确定合适的指标和方法在早期进行突变体的鉴定和选择上可节省大量时间和精力。形态学方法、细胞遗传学方法、生化标记法,以及近些年发展起来的分子生物学方法均可被用于突变体的鉴定和选择。

（1）形态学方法

唐小浪等(1993)认为可以根据苗期时表型畸变情况分离和选择突变体;Donini利用樱桃枝条单位长度的芽数及粗细的相关性,从VM2代中选出了紧凑型突变。

（2）细胞遗传学方法

目前常通过染色体形态的配对分析进行鉴定,随着染色体分带技术的发展,染色体变异鉴定变得更快、更可靠和更经济。柑橘无核的细胞遗传学研究主要应用此方法。

（3）生化标记法

同工酶分析技术是鉴定染色体易位的一种新方法,孙光祖等曾利用此方法进行易位系的鉴定。陈善春等(1992)研究发现,与对照相比,所有柑橘无核突变株系叶片的过氧化物酶酶谱少了一条带,因而认为过氧化物酶酶谱带数的多少可以用作突变体早期选择和鉴定的生化指标。

(4)分子生物学技术

随着分子生物学的发展,人们将从分子水平对变异体进行早期鉴定,其中分子原位杂交技术将细胞遗传学方法和分子生物学技术结合起来,是目前鉴定易位最直观的方法。澳大利亚的 Novar 等用 RAPD 技术来鉴定香蕉特定性状的变异。

二、化学诱变育种

化学诱变与辐射诱变相比具有操作简便、价格低廉、专一性强、对防护措施无苛刻要求等优点。但化学诱变有迟发效应,在诱变当代往往不表现变异,在诱变植物的后代才表现出性状的改变。因此,至少需要经过两代的培育、选择,才能获得性状稳定的新品种。

1. 常用化学诱变剂的种类

(1)碱基修饰物

碱基修饰物包括烷化剂、亚硝酸、羟胺等。烷化剂是在诱变育种中应用最为广泛的一类化合物。它带有一个或多个活跃的烷基,借助于磷酸基、嘌呤、嘧啶基的烷化而与 DNA 或 RNA 产生作用,进而导致遗传密码的改变。烷化剂又可分为以下几类:烷基磺酸盐类、亚硝基烷基化合物、次乙亚胺和环氧乙烷类、芥子气类等。亚硝酸对 C、A 和 G 具有氧化脱氨作用,如果没有得到修复,可以在下一次复制时产生碱基替换。羟胺可特异地被嘧啶 C_6 位置上的氨基氮羟化,羟化胞嘧啶配对特性改变,经过复制产生碱基颠换。

(2)核酸碱基类似物

核酸碱基类似物主要包括 5-溴尿嘧啶(5-BU)、5-溴脱氧尿嘧啶(5-BUdR)、5-氟嘧啶、马来酰肼(MH)等。这类诱变物的特点是其结构与核酸碱基相似,因此可以在 DNA 复制时代替正常碱基掺入到 DNA 中去,由于它们在某些取代基上与正常碱基不同,造成碱基错配,从而引起突变。

(3)DNA 插入剂

DNA 插入剂是指丫啶橙(AO)、溴化乙锭(EB)等丫啶类化合物。这类化合物在 DNA 复制时插入到模板链碱基之间,新合成单链对应位置上将随机插入一个碱基,或者取代一个碱基插入到新合成单链中,这样新合成单链将缺失一个碱基。因此,DNA 插入剂可以导致 DNA 复制过程产生插入或缺失突变。

2. 化学诱变剂处理的主要方法

(1)药剂配制

药剂配制通常情况下是将药剂配制成一定浓度的溶液,但有些药剂不溶入水,可先用其他有机溶剂(如乙醇等)将其溶解,再加水配制成所需浓度。但要注意有些物质在水中很不稳定,需要以一定酸碱度的缓冲液进行配制。

（2）处理方法

实验材料需进行预处理。如果以干种子为材料,应先用水浸泡种子,使其发生水合作用,增加细胞膜透性,以提高种子对诱变剂的敏感性并加快对诱变剂的吸收速度。药剂处理的方法主要包括以下几种。①浸渍法:把欲处理的材料(如种子、接穗、插条、块茎等)浸渍于一定浓度的药剂中。②涂抹法和滴液法:将适量的药剂涂抹或滴于植株的生长点上或块茎的芽眼上以诱导变异。③注入法:用注射器注入药剂或用吸有诱变剂的棉团包缚人工刻伤的切口,通过切口将药剂吸入植株或其他受处理的器官。④熏蒸法:将花粉、花序或幼苗置于一密封的潮湿小箱内,使药剂产生蒸汽进行熏蒸。⑤施入法:将药剂直接施入栽培植物的土壤或培养液中。

（3）影响化学诱变效应的因素

影响化学诱变效应的因素除诱变剂种类和材料的遗传类型、生理状态、处理浓度和处理时间外,还有以下因素。①温度:温度影响诱变剂的水解速度。低温有利于保持化学物质的稳定性;提高温度,可促进诱变剂在材料内的反应速度和作用能力。②适宜的处理方式:低温（$0\sim10\,^{\circ}\mathrm{C}$）下,在诱变剂中将种子浸泡足够长的时间,使诱变剂进入胚细胞中,然后将种子转移到新鲜诱变剂溶液内,在 $40\,^{\circ}\mathrm{C}$ 下处理,加快诱变反应速度。③溶液 pH 及缓冲液使用:一些诱变剂在不同的 pH 下分解产物不同,从而产生不同的诱变效应。处理前、处理中都应校正溶液 pH。使用一定 pH 的磷酸缓冲液,可提高诱变剂在溶液中的稳定性。

第三节　空间诱变育种

空间育种也称为航天技术育种,是指利用返回式卫星和高空气球所能达到的空间环境对植物(种子)的诱变作用以产生有益变异,并在地面选育新种质、新材料,培育新品种的植物育种新技术。空间环境具有"长期微重力状态、空间辐射、超真空、交变磁场和超净环境"等特征,而且科学实验证明,空间辐射和微重力等综合环境因素对植物种子的生理和遗传性状具有强烈的影响作用,因而在过去的几十年里一直受到国内外研究者的广泛关注。我国科技工作者经过 10 多年的种子空间搭载试验,已经探索出旨在改良植物产量、品质、抗性等重要遗传性状的植物育种新方法。空间技术育种在有效创造罕见突变基因资源和培育果树新品种方面能够发挥非常重要的作用。

1. 空间育种原理

在自然条件下,由于外界环境的变化较小和遗传结构的相对稳定性,植物本身发生自发突变的频率极低,并且植物种类不同基因型也存在差异,而地球外太空的大气结构、密度、压力、辐射等条件与地面存在很大的差异,这些都可能引起植物种子遗传信息产生变异。航天育种就是充分利用这种不同于地面的空间环境,如强宇宙射线辐射、高真空、微重力、交变磁场等。综合上述因素共同作用于种子的核酸物质,使 DNA 分子外围的电子激活,造成 DNA 分子解链或突变或者引起染色体畸变,从而对植物种子遗传信息产生诱变,获得在地面上难以获得的某些变异。微重力条件可以对植物生长周期中细胞形态学、生理学、植物向地性等很多性能产生影响。航天器返回地面后对变异种子进行性状筛选,最后种植推广,培育得到具有优良品质的新品种。科学实验证明,宇宙辐射和微重力是影响植物种子的生理和遗传性状的主要因素。

（1）宇宙辐射

太空中存在着各种辐射源,包括电子、质子、α粒子、高能重离子及 X 射线、γ 射线和其他宇宙射线,它们能穿透卫星舱体外壁,作用于飞行器中的生物。空间条件尤其是高能离子具有强烈的致变作用。当生物被宇宙射线中的高能重离子击中时便引起细胞遗传物质 DNA 分子的双键断裂,其中非重接性断裂所占比例很高,细胞为求得生存而出现应急效应(SOS)。SOS 反应诱导的修复系统包括避免差错的修复和倾向差错的修复。其中倾向差错的修复是生物变异的主要途径。此修复过程诱导产生缺乏校对功能的 DNA 聚合酶,它能在 DNA 损伤部位进行复制避免死亡,且带来了很高的突变率,因此,细胞中发生多重染色体 DNA 畸变且畸变是非特异性的。

（2）微重力

外空间的微重力远远低于地球,是引起植物遗传变异的重要原因之一。在地球重力场中生长的植物均具有向重性,但植物进入空间环境失去了向重性生长反应,导致其对重力的感受、转换、传输、反应发生了变化,从而启动系统的响应,发出信号引起广泛的生理反应,表现出微重力的直接效应。1979 年,Parfyonov 等将高等植物进行搭载试验研究微重力对突变率的影响,表明单独的微重力因素对诱变率不产生影响,但在微重力的作用下提高了生物膜的通透性,有助于诱变产生。Halstead 和 Dutcher 研究了微重力对植物形态和生理代谢的影响,认为微重力对生物的诱变率和修复作用不产生直接的影响,但微重力的存在会促进诱变的发生,使辐射对生物影响加深,可能是微重力干扰了 DNA 损伤修复系统的正常运转,即阻碍或抑制 DNA 链断裂的修复。微重力对植物的激素分布、钙离子分布、酶的活力和细胞结构等也有明显影响。

另外,卫星航天器发射及着陆时的强烈振动和冲击力,也是植物遗传性发生变异不可忽视的因素之一。

2. 空间育种的特点

航天育种是创造新种质资源和新品种的一种有效途径,与常规育种相比,可出现常规育种不易出现的变异,而且其显现出变异谱宽、变异率高、有益变异多的特点,可以为遗传育种的定向选择提供丰富的资源,并可能获得地球环境下不可能产生的特殊性状。

（1）变异频率高,变异幅度大

传统辐射诱变的有益变异频率仅为 0.1%~0.5%,而太空辐射诱变的有益变异频率为 1%~5%,最高的诱变率可超出 33%。

（2）后代稳定快,缩短育种周期

多数太空变异性状稳定较快,有利于加快育种进程,在地球上选育一个植物新品种一般需要 5~8 年的时间,太空育种则可以将这一时间缩短一半,可以节约许多人力物力。

（3）打破基因连锁,实现基因重组,创造多种突变体,丰富种质资源

很多突变体是自然界本来没有的新性状,因此可以极大地丰富种质资源,供植物遗传育种直接或间接利用,为育种者提供良好的选择机会。

（4）改良品质，提高产量

经试验选育的单子叶植物穗形大，分蘖增多，单产得到提高；航天选育的品种具有果形（粒形）大而饱满，营养成分含量高，口感好，耐贮存等优势；种植试验也表明青椒果实大、品质优，果实中的维生素C含量提高10%～25%。

（5）变异谱广，可产生株高变异，果形变异，显示出抗病性突变

通过航天育种诱变可选出矮秆抗倒伏，单果质量增加的新品系，有利于稳产、高产；太空诱变选育的品种抗病、抗逆能力提高，而且还出现了许多在生产实践上和理论研究上有价值的新的农艺性状。

（6）空间育种选育出来的产品无基因安全性问题

航天诱变育种不是转基因育种，它没有外源基因的引入，而是利用太空的物理条件作为诱变因子，使植物产生基因突变，这种变异本质上与自然界普遍存在的自然变异没有区别，只是加速了生物界需要几十年甚至上百年的自然变异的变异过程。

3. 空间技术育种进展

早在20世纪60年代初，苏联及美国的科学家便开始将植物种子搭载卫星上天，并在返回地面的种子中发现了染色体畸变频率有较大幅度的增加。20世纪80年代中期，美国将番茄种子送上太空，在地面试验中也获得了变异的番茄，种子后代无毒，可以食用。1999年，俄罗斯等国在"和平号"空间站成功种植小麦、白菜和油菜等植物。国外关于空间植物学的研究主要在于载人航天的需要，搭载的植物种子首先主要用于分析空间环境对于宇航员的安全性；其次是探索空间条件下植物生长发育规律，以改善空间人类生存的小环境，解决宇航员的食品自给问题，使宇宙飞船成为"会飞的农场"。迄今为止，国外尚未见有利用空间环境诱变培育农作物品种的研究报道。

自1987年以来，我国科学工作者富有独创性地利用返回式卫星先后进行了多次植物的空间搭载试验，23个省（自治区、直辖市）的70多家科研单位参加了多学科的研究。搭载的种子经多年地面选育，已培育出水稻、小麦、青椒、番茄、莲子等新品种，有的已初具产业化规模。

4. 空间育种的步骤

航天育种技术已成为我国为数不多的具有原创性的自主高新技术，10多年来的探索研究为空间技术育种学科的形成奠定了良好的基础。

（1）制定育种目标和计划

目标决定后的一系列工作，植物种类数量、投入的人财物、时间、市场等都要周密计划。

（2）材料准备与预处理

材料主要是植物种子。2003年3月25日，"神舟三号"试验飞船搭载了葡萄、树梅、兰花等6个品种的种子和试管种苗。

（3）卫星搭载

北京航天卫星应用总公司利用返回式科学试验卫星为育种单位提供搭载服务。目前太空飞行时间最长为7d。

（4）返回材料的繁殖与筛选

自 1998 年以来,全国范围内已相继建立了数十个"航天育种中心"或"航天育种基地",以加大繁殖和选择的力度。

（5）推广应用

航天新品种的高附加值已经引起社会、政府部门及一些企业集团的关注和极大兴趣,这为加速空间技术育种成果的试验、示范和推广,创造了良好的外部环境。同时建立新的推广体系和专业人才队伍也是当务之急。

5. 空间技术育种前景与展望

（1）加强航天育种的分子基础研究

外太空条件复杂,影响作物种子遗传物质改变的因素是什么,还有待于进一步研究。目前,虽然航天诱变育种取得了一定的进展,但其基础理论研究还十分薄弱,航天育种机制尚不清晰,这就制约了航天育种的长远发展。

航天诱变品系的分子生物学研究是一个重要的研究方向。植物育种长期以来是以植株表型性状为基础的。当性状为单因子遗传时,表型选择是有效的。但是植物遗传改良的目标性状多为遗传基础复杂的数量遗传,很难由表型来推测基因型,分子育种的关键问题是将基因与表型相对应,提高育种选择的效率。针对空间诱变后的植物材料在后代表型性状中产生的有益变异,通过分子生物学手段,找到并克隆产生有益性状的基因,如抗病、抗逆、优质、高产等性状的相关基因,通过基因工程手段将其插入作物基因组中,以期产生目标性状。结合辐射物理、化学与分子生物学的学科交叉,以拓宽应用研究领域,开展基础研究与地面模拟空间因素研究,明确空间诱变育种的机制,为空间诱变种奠定理论基础,以促进航天育种事业的健康持续发展,更好地服务于农业生产。

（2）航天飞行和地面模拟诱变相结合,提高植物育种效率

国家通过 863 计划、自然科学基金等多种手段给予支持,将集中航天、农业等领域专家,开展一项航天育种工程,该工程将发射一颗专门从事航天育种的农业卫星,成规模地开展航天育种试验。

空间科学试验投资大,技术要求很高,试验机会有限。探索地面模拟空间环境因素的试验研究工作,对于揭示空间诱变机制、空间育种研究及其产业的持续发展意义重大。近年来,中国农业科学院空间技术育种中心在国家自然科学基金及 863 计划的资助下,在国内率先开展了利用高能加速器和零磁空间等地面装置模拟空间环境因素的试验技术与生物效应探索研究,并取得良好进展,为建立植物空间技术育种创新技术体系奠定了基础。

（3）空间技术育种产业化、市场化

我国航天技术育种是空间技术、工程技术应用于农业科学而形成的交叉领域,随着国家航天育种工程项目的实施,将在全国范围内形成一支多层次、跨学科、跨部门的空间技术育种研究网络,培植一大批乐于奉献的高素质专业技术人才。发挥研究网络各自优势,组织联合攻关,开展研究和培育适宜全国不同地区种植的植物新品种,创造各具特色的优异新种质,为农业持续增产作出贡献。

航天技术育种从一开始就把培育优良品种,服务农业生产作为主要目标。作为高技术应用学科,能否真正发展壮大,关键取决于最终能否实现产业化。空间技术育成品种的

种子生产、加工、销售及其配套技术服务将成为空间育种产业形成与发展的重要动力。

（4）航天技术育种将成为促进种植业经济发展的重要科技力量

植物育种的每一次具有革命意义的重大突破，无一不是以新的优异种质材料的发现或选育成功为前提的。航天技术育种的最大优势，在于有可能在较短的时间里创造出目前其他育种方法难以获得的罕见突变基因资源，有可能彻底改变近 10 年来植物育种研究的徘徊局面，培育出突破性的优良品种，直接服务于农业生产。另外，航天技术育种创造的各具特色的优异新种质、新材料可广泛应用于常规育种，可培育更多高产、优质、抗性强的新品种，在更大范围内促进农作物增产和农业持续发展。

第四节　芽变育种鉴定技术

对诱导产生的大量果树芽变进行选择是果树育种的关键步骤。目前，应用于果树芽变鉴定的方法主要有形态学观察及解剖学观察、同工酶分析、染色体观察、孢粉学研究、生理生化鉴定、DNA 分子标记等。

1. 形态学及解剖学观察

形态学观察是芽变选种的基础方法，通常的芽变鉴定方法有细胞体积和器官形态的鉴定。只有在形态发生改变后，才能进一步进行嫁接鉴定或移地栽培观察。当然也可通过解剖学对芽变体进行快速鉴定。其中通过气孔的大小及保卫细胞中叶绿体的数量可对发生倍性变异的品种进行鉴定。蒋全熊等认为栅栏组织的比例、气孔密度、髓部的比例、次生木质部的比例、果实蜡质与果皮厚度之比等可作为芽变品种鉴定的指标。

2. 同工酶分析

同工酶可作为生物品种鉴别、品种亲缘关系鉴定、性状早期预测和遗传分析的确切天然标记。同工酶作为基因表达的直接产物，可以很直观地反映出各品种之间的基因差异。蒋全熊等报道了'元帅'苹果及其变异选择的 5 个品系间，叶和茎不论是同工酶带的级别和数量，还是酶活性的扫描曲线均有明显差异。另有报道'元帅'及其芽变后代'红星'、'红冠'及'新红星'等元帅系品种的同工酶谱相同；'金冠'和'金矮生'酶谱相同；'青香蕉'和短枝型'青香蕉'酶谱相同。

由于芽变的品种、芽变的类型及采样的时间不同，利用同工酶鉴定芽变品种的结果也可能不同。

3. 染色体观察

对染色体的数目、结构及核型分析的观察，也可作为芽变鉴定的依据。目前常利用染色体的数目来鉴定多倍体的变异，通过染色体核型分析来鉴定芽变品种。起源于自然突变和人工诱变的四倍体，通常以嵌合体形式存在，Einset 曾鉴定过 15 个苹果四倍体自然突变，发现都是二倍体和四倍体构成的周缘嵌合体。

4. 孢粉学研究

孢粉学是研究植物孢子和花粉的科学，是探讨植物起源、演化、分类、亲缘关系的基础学科之一，目前已对 66 科 148 种植物花粉进行了系统地扫描电镜观察。同一类型或品种花粉粒的大小、形态及纹饰等特征是比较稳定的，不同种及品种间的花粉形态有不同程度的差异,这为不同品种的鉴别提供了依据。

花粉粒的形态除了可用于鉴别多倍体芽变之外,还有人用来鉴别非倍性的芽变,Gurrie 等通过对'元帅'和'嘎拉'多个芽变品种花粉超微结构进行分析,认为花粉穿孔的宽度可用来鉴定芽变;而 Marcucci 等则认为穿孔的大小和数量能有效区分苹果品种,但不能鉴定芽变品种。因此利用花粉粒的形态进行芽变鉴定尚需进一步研究。

5. 生理生化鉴定

有许多芽变品种与原品种差异不大,但从生长发育过程生理代谢差异可进行鉴别。针对不同的变异类型,可采用不同的生理生化测定方法。Reay 等报道了红色芽变'皇家嘎拉'中花青苷含量显著高于'嘎拉',这是由染色体重排引起的变异。前人曾报道了 4 个'元帅'系品种不同的着色模式,认为在果实成熟早期,花青素调节基因不同的表达模式是导致果实着色差异的重要原因。

6. 分子标记在芽变鉴定中的应用

分子标记是以生物大分子,生物体的遗传物质——核酸的多态性为基础的遗传标记。分子标记发展很快,至今已有 10 多种分子标记技术相继出现,目前较广泛应用的分子标记有 RFLP、RAPD、AFLP、SSR、简单重复序列中间区域标记(inter-simple sequence repents polymorphisms,ISSR)、序标签(sequence-togged site,STS)、序列特征化扩增区域(sequence characterized amplified region,SCAR)、相关序列扩增多态性(sequence-based amplified polymorphism,SRAP)等。RAPD 具有标记数量多、所需模板 DNA 量小、质量要求不高、分析方便、快速等特点,可用来鉴别非整倍体、染色体结构变异、基因突变、转座子的转座引起的变异。由于 RAPD 引物是随机设计的,可检测的区域几乎覆盖整个基因组,从理论上讲,任何点突变都具有被检测的可能性。李汝刚报道了 RAPD 能区分开苹果芽变与实生苗植株,但检测不到芽变株之间的遗传变异。Scott 等分析了葡萄品种'Flame Seedless'早熟变异与原品种间的谱带特征,发现 2 个可能与突变区域有关的标记。Pooler 等用 RAPD 技术在桃的同株树上发现了二倍体和与其芽变的 RAPD 带型的差异。曲柏宏等利用 RAPD 技术证明,苹果梨与其芽变品种'东宁 5 号'大梨及'夏嘎'之间是有差异的。Luis 等用 RAPD 及 AFLP 鉴定了苹果芽变品种。祝军等筛选出 4 对多态性高、分辨率强的引物,区分了供试的 25 个苹果品种,其中包括'红富士'—'短枝红富士'、'金冠'—'金矮生'、'元帅'—'新红星'和'旭'—'威赛克'4 对突变系品种。总之,利用不同的分子标记技术,可以对芽变品种进行鉴定。

第三章　果树多倍体育种

第一节　果树多倍体的类型及特点

多倍体育种是指采用染色体加倍的方法选育植物新品种的方法。在自然界中,多倍体植物的分布是很普遍的,从低等植物到高等植物都有多倍体类型。多倍体是高等植物进化的一个重要途径。

1. 多倍体的种类

多倍体因其染色体组的来源不同可分为同源多倍体和异源多倍体。

(1) 同源多倍体

多倍体植物细胞中所包含的染色体组来源相同,则称为同源多倍体。例如,以符号 A 代表一个染色体组,AAA 则表示同源三倍体,AAAA 表示同源四倍体。同源多倍体可以由以下 3 种途径发生:①在受精以后任何时期的体细胞染色体加倍而变成四倍体细胞;②不正常的减数分裂,使染色体不减半,形成 2x 配子,2x 配子和 2x 配子结合形成四倍体,2x 配子和正常 x 配子结合形成三倍体;③减数分裂后孢子在有丝分裂过程中,染色体加倍,产生 2x 配子,受精后形成多倍体。

(2) 异源多倍体

如果多倍体植物细胞中包含的染色体组的来源不同,则称为异源多倍体。例如,以符号 A 代表一个染色体组,B 代表另一个染色体组,AABB 表示异源四倍体。如果染色体的加倍是以远缘杂种为对象,由于细胞中的染色体包含了父本、母本两类来源不同的染色体组,就形成了异源多倍体。例如,普通烟草($2n=4x=TTSS=48$),就是拟茸毛烟草($2n=2x=TT=24$)和美花烟草($2n=2x=SS=24$)的杂交种,经染色体加倍后形成的。一般也把异源四倍体称为"双二倍体"。异源多倍体的形成有以下 3 种方式:①二倍体种、属间杂种的体细胞染色体加倍;②杂种减数分裂不正常,同一细胞中两个物种的染色体没有联会而分配到同一个子细胞中产生重组核配子,由这样两个配子结合成为双二倍体的合子能正常发育;③两个不同种、属的同源四倍体杂交也可以产生异源多倍体。

2. 多倍体果树的特点

果树中存在许多多倍体,多倍体果树多表现出营养生长旺盛的特征。三倍体苹果表现出果实个头大,叶片厚,枝条粗壮的特征。不同倍性苹果之间的生理生化指标及细胞结构也存在明显差异。三倍体苹果品种,上表皮茸毛长度、粗度和下表皮茸毛粗度均大于二倍体,'元帅'系短枝型比普通型的长又粗,叶片茸毛在倍性鉴定上可作为参考。郑红军等(1997)研究发现,三倍体苹果品种的叶绿体数目比二倍体多28.87%,气孔密度少30%。二倍体气孔密度大于三倍体,普通型大于短枝型,大小与密度成负相关,且气孔是一个稳定的遗传性状。四倍体苹果的叶绿素含量明显高于二倍体。吴丽杰等(2002)研究表明,三倍体苹果果实可溶性固形物含量比二倍体增加 40%以上。三倍体苹果酸脱氢酶

(MDH)电泳谱带 MDH-1 染色加深,表现出明显的基因剂量增加效应,谷草转氨酶(GOT)电泳谱带数目明显增加,说明三倍体的遗传杂合性增加(李赟等,1999)。三倍体苹果'Jonasty'和'乔纳金'叶片离体培养再生能力较强,这是由于三倍体'Jonasty'及其亲本都有复杂的遗传背景,属于高度杂合体(时保华等,1995)。'天海鸭梨'为同源四倍体芽变,果实个头大,平均单果重 288.8g(刘孝林等,1995)。四倍体梨芽变品种较多,如'巴脱莱脱'、'沙-01'。四倍体梨芽变,果实个头变大。叶片形态结构上,四倍体柑橘体细胞杂种充分体现了器官形态的巨大性,平均叶面积和叶片厚度均大于二倍体,这是因为染色体数目的加倍导致了细胞体积的增大(李小梅等,1999)。同源四倍体柑橘结果晚,皮厚,刺较长。对"伏令夏"甜橙与"平户文"旦体配融合再生的细胞团及胚状体进行染色体观察,再生的细胞中三倍体占 8.7%～11.6%,表明多倍体植株容易繁殖(邓秀新,1995)。三倍体柑橘果个大,丰产。栽培中的四倍体葡萄表现出果粒大,如'桑田尼'、'康能玫瑰'、'玫瑰露'、'巨峰'、'藤稔'等(杨晓明等,2005)。诱变的四倍体'玫瑰香'的果粒、种子、茎叶明显大于二倍体,四倍体平均果粒重 7.2g,最大 14.3g,而二倍体平均果粒重 4.5g(罗耀武等,1997)。对二倍体'玫瑰香'与加倍后形成的四倍体变异品系的 5 种器官,分别测定了过氧化物酶活性、多酚氧化酶活性和酚类物质含量。实验结果表明,二倍体'玫瑰香'加倍形成四倍体后,雄蕊、雌蕊和成叶的过氧化物酶活性均极显著降低;雄蕊和雌蕊的多酚氧化酶活性、酚类物质含量也极显著地降低,但成叶和叶柄的多酚氧化酶活性、酚类物质含量却极显著地升高(王同坤等,1997)。

第二节　人工诱导多倍体的方法

人工诱导多倍体的方法有物理和化学两类,物理方法主要是仿效自然,如采用温度聚变、机械创伤(如摘心、反复断顶等)、电离辐射与非电离辐射等促使染色体数目加倍。但温度骤变与机械创伤使染色体加倍的频率很低,而辐射处理又易引起基因突变,因此,人工诱导多倍体一般不采用物理方法。人工诱导多倍体主要采用化学法,即用一些化学药剂,如秋水仙素、咖啡因、奈骈乙烷、水合氯醛等,但以秋水仙素的效果最佳。

1. 诱导多倍体材料的选择

最有希望诱导成多倍体的是下列一些植物:染色体倍数较低的植物;染色体数目极少的植物;异花授粉的植物;能利用根、茎、叶等无性繁殖器官进行繁殖的植物;杂种后代。

秋水仙素溶液只是影响正在分裂的细胞,对于处于其他状态的细胞不起作用。因此,对植物材料处理的适宜时期是种子(干种子或萌动种子)、幼苗、幼根与茎的生长点,球茎与球根的萌动芽等。如果处理材料的发育阶段较晚,被诱导的植株易出现嵌合体。

2. 秋水仙素的理化性质、配制与贮藏

秋水仙素是从百合科植物秋水仙(*Colchicum autumnale*)的根、茎、种子等器官中提取出来的一种物质。秋水仙素是淡黄色粉末,纯品是针状无色结晶,性极毒,熔点为155℃,易溶于水、乙醇、氯仿和甲醛中,不易溶解于乙醚、苯。

秋水仙素能抑制细胞分裂时纺锤丝的形成,使已正常分离的染色体不能拉向两极,同时秋水仙素又抑制细胞板的形成,使细胞有丝分裂停顿在分裂中期。因为它并不影响染色体的复制,所以造成加倍后的染色体仍处于一个细胞中,形成多倍体。处理过后,如用清水洗净秋水仙素的残液,细胞分裂仍可恢复正常。

人工诱导多倍体常用秋水仙素的水溶液。配制方法为:将秋水仙素直接溶于冷水中,或先将其溶于少量乙醇中,再加冷水。配制好的溶液应放入棕色玻璃瓶内保存,且保存时应置于暗处,避免阳光直射,此外瓶盖应拧紧,以减少与空气的接触,避免造成药效损失。

3. 秋水仙素的浓度与处理时间

秋水仙素溶液的浓度及处理时间的长短是诱导多倍体成功的关键因素。一般秋水仙素处理的有效浓度为 $0.001\%\sim2.000\%$,比较适宜的浓度为 $0.2\%\sim0.4\%$。处理时间长短与所用秋水仙素的浓度有密切关系,一般浓度愈大,处理时间要愈短,相反则可适当延长。多数实验表明,浓度大、处理时间短的效果比浓度小、处理时间长要好。但处理时间一般不应小于 24h 且以处理细胞分裂的 $1\sim2$ 个周期为原则。不同植物、不同器官或组织在一定条件下对秋水仙素的反应不同,因此,必须根据不同情况来掌握处理的浓度和时间。在不同器官方面,处理种子的浓度可稍高些,持续时间可稍长(一般为 $24\sim48h$);处理幼苗时,浓度应低些,处理时间可稍短点;植物幼根对秋水仙素比较敏感,极易受损害,因此,对根处理时应采用秋水仙素溶液与清水交替间歇的方法。

4. 常用秋水仙素处理的方法

(1) 浸渍法

浸渍法适于处理种子、接穗、枝条及盆栽小苗。对种子进行处理时,选干种子或萌动种子,将它们放于培养器内,再倒入一定浓度的秋水仙素溶液,溶液量为淹没种子的 2/3 为宜。处理时间多为 24h,浓度 $0.2\%\sim1.5\%$。浸渍时间不能太长,一般不超过 6d,以免影响根的生长,最好是在发根以前处理完毕。处理完后应及时用清水洗净残液,再将种子播种或沙培。盆栽幼苗处理时将盆倒置,使幼苗顶端生长点浸入秋水仙素溶液内,以生长点全部浸没为度。对于组织培养试管苗也可采用浸渍法处理,只是处理时需用纱布或湿滤纸覆盖根部,处理时间因材料可从几小时到几天。对插条及接穗一般处理 $1\sim2d$,处理后也要用清水清洗。

(2) 滴液法

滴液法是用滴管将秋水仙素水溶液滴在子叶、幼苗的生长点上(即顶芽或侧芽部位)。一般 $6\sim8h$ 滴一次,若气候干燥,蒸发快,中间可加滴蒸馏水一次,如此反复处理一至数日,使溶液透过表皮渗入组织内。若水滴难以停留在芽处,则可用棉球包裹幼芽,再滴加溶液处理。此法与浸渍法相比,可避免植株根系受到伤害,也比较节省药液。

(3) 毛细管法

毛细管法是将植株的顶芽、腋芽用脱脂棉或纱布包裹后,将脱脂棉与纱布的另一端浸在盛有秋水仙素溶液的小瓶中,小瓶置于植株近旁,利用毛细管的吸水作用逐渐把芽浸透,此法一般多用于大植株上芽的处理。

(4) 涂抹法

涂抹法是用羊毛脂与一定浓度的秋水仙素混合成膏状,所用秋水仙素浓度可比水溶液处理略高些,将软膏涂于植株的生长点上(如顶芽、侧芽等)。另外,也可用琼脂代替羊毛脂,使用时稍加温后涂于生长点处。

（5）注射法

注射法是采用微量注射器将一定浓度的秋水仙素溶液注入植株顶芽或侧芽中。

5. 采用秋水仙素诱导多倍体需注意的事项

① 秋水仙素属剧毒物质,配制和使用时,一定要注意安全,避免秋水仙素粉末在空中飞扬,误入呼吸道内;也不可触及皮肤。可先配成较高浓度溶液,保存于棕色瓶中,盖紧盖子,放于黑暗处,用时再稀释。② 处理完后,需用清水冲洗干净,以避免残留药液继续使染色体加倍,从而对植株造成伤害。③ 注意处理时的室温,当温度较高时,处理浓度应低一些,处理时间要短些;相反,当室温较低时,处理浓度应高些,处理时间应长点。④ 处理的植物材料应选二倍体类型,且生长发育处在幼苗期,幼苗生长点的处理愈早愈好,扩大处理群体,材料数量上应尽量多。⑤ 经处理的植株应加强培育、管理。因为处理材料易形成嵌合体,所以为使加倍的组织正常生长发育,对形成嵌合体的还可采用摘顶、分离繁殖、细胞培养等方法。

第三节　果树多倍体的鉴定

植物组织经过多倍化处理后,部分材料的染色体加倍成为多倍体,但仍有一些未能加倍,此外还会产生一些非整倍体和嵌合体。因此,如何准确地辨认多倍体并将其挑选出来,是多倍体研究的重要环节。

1. 间接鉴定方法

（1）根据生物学特性进行鉴定

Einset 等用苹果自发产生的多倍体和苹果、梨、桃、葡萄的诱变植株进行了研究,发现多倍体生物学性状与二倍体相比差异显著,苹果多倍体树体一般生长健旺、枝条较粗、节间缩短、根系强壮、角度开张、果实硕大、叶大而厚,有时叶形也发生变化;葡萄四倍体的叶基部呈 U 形特征,二倍体的叶基并不具备这个特征,四倍体葡萄叶片颜色深,二倍体叶片颜色浅,嵌合体的叶片则呈花斑型。

此外,多倍体果实育性普遍下降也是其重要生物学特征之一,表现在多倍体植株花粉育性下降,座果率较低,果实内种子数下降,果实形状不规则、扁平,果实整齐度下降等。研究表明多倍体栽培苹果,通常表现为雄性不育或部分不育,除一些三倍体品种外,大多数结实率较低。梨多倍体品种不仅花粉发芽率低,花粉数量也少。成明昊等对四倍体小金海棠花粉进行了观察,也发现大部分花药没有花粉,个别花药有少量花粉,但发育不良没有受精能力。另外有实验表明,诱变四倍体李和桃花粉活力与二倍体无差异,但结实率显著低于二倍体,有些四倍体的结实率甚至为零。

（2）根据生理生化特性进行鉴定

与二倍体相比,多倍体果树生理生化活性增强,抗逆性和适应性提高,这是其区别于二倍体的一个重要特征。戴洪义测定结果表明,葡萄四倍体气孔内的叶绿体几乎为二倍体的两倍。刘庆忠等对'皇家嘎拉'苹果二倍体及同源四倍体进行了研究,发现在鲜重相同的条件下,四倍体苹果叶片的叶绿素 a、叶绿素 b 及总叶绿素含量均较高。从单位叶面积的叶绿素含量来看,四倍体苹果叶片中叶绿素 a、叶绿素 b 的含量为二倍体的 128%,总叶绿素含量比二倍体高 19%，这可能是由于四倍体的叶片比二倍体厚的缘故。此外，有研究表明多倍体果树中维生素的含量可能有显著提高。对不同树种而言，生理生化变异的方向与倍性变异的方向是否一致，利用生理生化特性的变化来进行倍性鉴定是否可靠，还需要进一步研究。

（3）根据解剖结构特征进行鉴定

1）根据叶片解剖结构和超微结构特征进行鉴定

由于染色体组成倍增加，多倍体在形态上一般表现出巨大性。细胞的巨大性是区别植物多倍体和二倍体的指标之一，此外也可根据叶片栅栏组织的厚薄等进行鉴定。李赟等对苹果、梨、草莓不同倍性植株叶片的解剖研究表明，与二倍体相比，多倍体栅栏组织细胞长度明显增加，叶厚增加不明显，而海绵组织厚度在不同倍性间基本相似，他们认为用叶片厚度和栅栏组织厚度可把一部分多倍体判别出来。

李赟等对苹果不同倍性植株的叶片栅栏组织细胞超微结构进行了观察，发现与二倍体相比，多倍体细胞叶绿体基粒小，片层肿胀，细胞膜和核膜有轻微断裂，线粒体损伤面大。虽然多倍体叶片栅栏组织细胞在超微结构上与二倍体有一定的差异，但研究者需要有丰富的细胞学知识才能进行有效辨别。同时这种超微结构特征辨别法费时耗资，如何简单有效地用于多倍体倍性鉴定还有待进一步研究。

2）根据气孔性状进行鉴定

多倍体叶片气孔增大，气孔密度下降，保卫细胞内叶绿体数目增多，这些特征可用于倍性鉴定。不同树种气孔大小、增大的幅度并不相同，如四倍体可可，气孔长比二倍体增大了 34.20%，而四倍体菠萝气孔长比二倍体增大了 20.32%，表明气孔性状与植株的倍性有密切的关系。戴洪义利用保卫细胞叶绿体数目和气孔长度获得的鉴定倍性的判别方程，用于倍性鉴定获得了较理想的结果。李赟等以苹果和梨的二倍体为试材，比较了气孔保卫细胞叶绿体数目、气孔密度、气孔长度和气孔宽度 4 个性状与倍性的关系，分析了各个性状用于倍性鉴定的可靠性，并采用两类性状同时进行判别分析，建立了判别方程。结果表明，叶绿体数目和气孔长度鉴定倍性的可靠性较高，其中，苹果气孔长度误判率最低为 6.67%；梨气孔保卫细胞叶绿体数目误判率最低为 12.5%。Hilden 等对香蕉杂交后代进行多元回归分析，获得了以气孔大小及气孔密度进行倍性鉴定的判别方程，但是判别的可靠性不高。此外，基因型对气孔性状的表现也存在一定的影响，说明利用气孔性状进行倍性鉴定需考虑到基因型对气孔性状表现的影响。所以，选择合适的气孔性状用于倍性鉴定很重要。

3）根据梢端组织发生层细胞特征进行鉴定

芽变选种是无性繁殖植物育种的一种有效途径，多以嵌合体的形式存在，特别是多倍体芽变。通过检测梢端分生组织 LⅠ、LⅡ、LⅢ3 层细胞的细胞、细胞核及核仁的大小，可以鉴定芽变材料倍性嵌合体的类型。Dermen 在苹果、梨、葡萄、桃自发产生的多倍体或诱变植株上进行了广泛的研究，认为梢端组织层多倍体细胞比二倍体细胞明显增大。但是他们的研究只有文字描述，没有统计分析结果。陈学森等对苹果、山楂、李、柿和枣 5 个属 18 个品种的多倍体和二倍体的梢端细胞组织学进行了研究，并进行了统计分析。研究发现梢端组织细胞、细胞核及核仁的大小与染色体倍性，无论在种间还是品种间均存在着密切的关系。李赟对苹果二倍体、三倍体和诱变植株梢端组织细胞大小进行了比较研究，认为梢端组织细胞大小用于倍性鉴定的优越性，在于能对植株的倍性类型进行全面鉴定，既可用来区分同质体也可区分嵌合体，并且可区分是什么形式的嵌合体。但是梢端细胞大小存在变异系数较大的现象，其可能的原因为：观察的梢端组织切片是否是典型切片；梢端细胞排列不整齐；梢端细胞均处于活跃增殖期，分裂阶段不同的细胞，其大小也存在一定的差异。所以观测梢端细胞大小相当不容易，其实用性尚待通过更多的检验。李劲等曾利用显微分光光度计，测定柑橘梢端不同层细胞的核 DNA 含量来鉴定倍性。如果能利用显微分光光度计测定已进行定位染色的梢端组织细胞核 DNA 含量来鉴定倍性，这将可能是一种更好的鉴定倍性的方法。

4）根据花粉粒特征进行鉴定

花粉粒是由组织发生层的 LⅡ层衍生而来，不同倍性的花粉粒性状上也存在差异。一般认为，多倍体植株的花粉粒大、萌发孔多、花粉粒形状变化明显等。同时，多倍体花粉粒大小不均匀，此外，因多倍体花粉母细胞减数分裂不正常，致使畸形花粉粒大小较二倍体多。王强生对利用花粉粒性状进行果树多倍体鉴定进行了综合评述，认为利用花粉粒性状可进行果树多倍体鉴定。也有的研究发现，多倍体植株小花粉粒的数目较高。李赟认为这两个性状是密切相关的，这二者的关系是三角形花粉粒最小，圆形花粉粒较大，方形花粉粒最大。三倍体苹果花粉粒以圆形及方形为主，二倍体苹果花粉粒以三角形为主，所以三倍体花粉粒比二倍体大。此外，他还认为以三角形花粉粒数目与圆形状方形花粉粒数目之和的比值 1.2 为临界值，超过 1.2 的为二倍体，低为 1.2 的则为三倍体，可把苹果的二倍体和三倍体完全分开。

2. 直接鉴定法

染色体计数法是最直接、最传统的方法，也是最准确的方法。对于采用间接方法初步断定为多倍体的材料，还应鉴定其染色体数目是否增多，以提供最直接的证据。染色体计数法常采用根尖，也有人采用卷须或嫩梢进行压片。根尖是由组织发生层的 LⅢ层衍生而来，因此，其细胞内染色体数目变化可以反映 LⅢ层是否发生倍性变化。检查根尖细胞中的染色体数不但能区别倍性而且能鉴定出是整倍性或非整倍性的变异。李树玲等利用去壁低渗火焰干燥、Giemsa 染色法对大鸭梨与不同倍性梨品种杂交后代的染色体数目进行了鉴定。而晁无疾等用改良的去壁低渗法，以葡萄的卷须为试材，观察染色体数目，得到了理想结果。但是染色体数目法对材料的要求比较苛刻，只有处于旺盛生长的部位或器官才能用；另外染色体数目法需要在显微镜下数至少 5 个细胞，才能确认某一材料的倍性，对于染色体数目较少的材料还简单一点，可是对染色体数目比较多的材料，则费时费力。

3. 分子生物学鉴定

（1）多倍体果树同工酶电泳谱带的特征

多倍体与二倍体的差异，根本的原因来自于基因的不同，比较多倍体与二倍体的基因组成及表达的特点，是反映多倍体本质的重要内容。一般认为，多倍体植株同工酶同一位点基因剂量加倍，控制该位点的酶的量相应增加，同工酶电泳谱带的深度因而增加，而二倍体的同工酶电泳谱带则没有类似的特征。King 等根据柑橘莽草酸脱氢酶（SKDH）电泳谱带染色深浅，进行了倍性分析，结果与染色体鉴定的结果完全一致。

另有一些研究发现多倍体同工酶谱带数目有增加的现象，这说明多倍体等位基因数目较多，遗传杂合性增加。Ohmit 对四倍体葡萄糖异构酶（GI）和葡萄糖变位酶（PGM）进行电泳，分析表明，PGM-2 和 GI-2 电泳带为单带型、三带型或四带型，而二倍体只存在单带型和双带型。李赟等对苹果二倍体和三倍体的苹果酸脱氢酶（MDH）和谷草转氨酶（GOT）进行了电泳分析，结果发现，与二倍体相比，三倍体 MDH 电泳谱带 MDH-1 染色加深，表现出明显的剂量效应；GOT 电泳谱带 GOT-1 谱带数目明显增加，这又说明三倍体的遗传杂合性增加。利用同工酶鉴定果树倍性的研究并不多，而且此法技术较复杂，受酶的影响大。为达到实用的目的，还需进一步研究。

（2）细胞流式仪鉴定法

细胞流式仪鉴定法是 20 世纪 70 年代发展起来的新技术，90 年代才开始用于果树，它的特点之一是快速、简便、准确。准备好的细胞核样品在几分钟内即可完成测定和分析，特别适合于样品较多的倍性检测分析。它的另一个特点就是检测所需材料比较少，特别适合离体培养过程中试管内幼嫩的芽或小植株。它是对大量处于分裂期间细胞的 DNA 含量进行分析，取材部位不受限制，且能鉴定非整倍体和嵌合体，但不能辨别是哪种形式的嵌合体。此外，这种方法需要有较昂贵的专门设备。目前，已采用流式细胞计数法对越橘、苹果、猕猴桃属等的倍性水平进行了 DNA 含量差异的研究。结果表明多倍体 DNA 含量显著高于二倍体。根据多倍体 DNA 量是二倍体 DNA 量倍数可以直接算出变异体的倍性。

（3）分子标记鉴定

随着分子生物学的发展，RAPD 和 RFLP 等分子标记技术也已成功地应用到本领域的研究中。研究表明 RAPD 标记技术是一种能快速测定突变体是同质体还是嵌合体的方法。

第四节　主要果树的多倍体

1. 苹果多倍体

一般都把苹果当成二倍体果树，染色体基数 $x=17$，体细胞 $2n=34$。经鉴定苹果属的 40 个种中，10 个有多倍体类型，10 个为多倍体种，其中多数为三倍体、四倍体，少数为五倍体（表 3-1）。

苹果的栽培品种极大多数为二倍体，如'国光'、'元帅'等。少数是三倍体，如老品种中的'伏花皮'、'生娘'、'大珊瑚'、'赤龙'等，近年来育成的新品种有'陆奥'、'新金冠'、'乔纳金'、'北斗'、'北海道 9 号'等。三倍体的特点是树体大，生长健壮，能结大型果实。但是，由于减数分裂时染色体配对异常而有些小孢子发育不正常，花粉发芽率低，不能作为授粉树。所以栽植这类品种时，要配两个二倍体的授粉品种。

苹果的自然芽变和人工诱变都可以获得四倍体，一般称巨型突变，它的特点是果实增大，果形变扁，生长势强，枝条粗壮，节间缩短，叶片厚，叶形宽圆，分枝度大，树冠趋向扁平。自然产生的巨型突变大多呈嵌合状态，极少发现同质四倍体。目前通过秋水仙素诱变,已从帕拉岗及大珊瑚中得到六倍体 6-3-3 和 3-6-6 型嵌合体。近年来采用试管诱变,从二倍体胚培不定梢中已筛选出成批的同质四倍体。

2. 梨多倍体

梨属的染色体基数 $x=17$,经鉴定的 27 个种中 7 个种有多倍体类型,1 个是多倍体种。栽培种中以西洋梨系统的三倍体最多,已鉴定的 79 个品种中 18 个是三倍体,如'居里'、'布端·吉尔'、'布端·阿曼里'等。'巴梨'、'恩久'和'丰产'等品种中有四倍体类型。白梨系统中三倍体品种有'大水核'和'海棠酥',四倍体有鸭梨的 2～4 型嵌合体芽变大鸭梨。秋子梨系统的三倍体品种有'安梨'、'软儿梨'。新疆梨系统的三倍体品种有'猪头梨'。沙梨系统的三倍体品种有'大叶雪梨'、'黄盖梨';四倍体有'新长十郎'和'土佐锦'。梨的三倍体也是由于染色体的不正常配对,出现大小不等的花粉粒,降低了花粉可育性(表 3-1)。

3. 葡萄多倍体

葡萄的染色体基数 $x=19$,目前发现的葡萄多倍体主要是四倍体,如'石原早生'、'巨峰'、'巨鲸'、'森田尼'、'大玫瑰香'、康拜文早生芽变('康太')、白香蕉芽变('吉香')、'大无核白'、'红珍珠'(底拉洼芽变)。巨峰的一个实生后代'高尾' $2n=76-1$,非整倍体。多倍体葡萄常常表现出果穗和果粒增重增大,无核,适应性和抗逆性增强,所以深受人们的喜爱。葡萄的多倍体,无论是自然发生的突变或人工诱变的突变,都往往呈嵌合体状态,因此在繁殖或用于育种时,要注意分析嵌合组织结构(表 3-1)。

4. 柑橘多倍体

柑橘类果树包括柑橘属、金柑属和枸橘属,染色体基数 $x=9$,目前多倍体柑橘在生产上很少被采用。四倍体柑橘曾在杂交后代中出现,在温州蜜柑、夏橙和枳壳的实生苗中用摘心法都曾获得四倍体。四倍体柑橘与二倍体柑橘在形态特征上有明显的差异,一般表现叶片宽而厚,叶色浓,叶翼大,花粉和叶细胞大,刺粗,根大而支根粗,树体生长缓慢,强枝抽生少,枝条粗而密生,树形小,开花结果迟,结果少,里面粗糙,果形有不正趋向。如'里斯本柠檬'的四倍体果实大,里面粗糙,果形不正,果皮厚,细胞大而突出,瓤瓣壁厚,纤维多,果汁少而消失早,但香味较浓,酸味较淡。但是四季成蜜柑四倍体的果实品质良好,果形比四季橘(二倍体)增大 20%～30%,树势中等,树形较大,因而有较高的利用价值。不同的品种多倍体有不同的表现:二倍体的金豆原来比金柑体小,果实也小,但四倍体金豆则与金柑相似;四倍体的'里斯本柠檬'和'皇家葡萄柚'很丰产;而四倍体的柳叶橘结果却很少。三倍体柑橘往往产生不育的雄配子和不孕的雌配子,因而影响正常受精形成无籽果,这对能单性结实的三倍体具有重要生产意义(表 3-1)。

5. 李属多倍体

李属的染色体基数 $x=8$,经鉴定的 72 个种中,6 个有多倍体类型,15 个为多倍体种。其中多数为四倍体,少数为三倍体、六倍体和十二倍体。'欧洲李'是由二倍体'樱桃李'和四倍体'黑刺李'自然杂交后加倍而成的异源六倍体,其实有许多品种是自花可育的,其实生后代也多为异源六倍体。樱桃亚属中的主要栽培种'中国樱桃'和'欧洲酸樱桃'都是四倍体种,有许多经济价值很高的优良品种。'欧洲甜樱桃'也有四倍体类型。梅和樱桃中都有高度不育的三倍体类型,可用于观赏。用二倍体甜樱桃未减数的花粉粒给四倍体酸樱桃授粉,得到四倍体种间杂种,果实大,品质也好。桃亚属中未发现自然多倍体。用秋水仙素处理枝条,可从'爱堡太'、'金东'、'金乐'品种中诱导出四倍体和许多不同型的嵌合体(表3-1)。

6. 草莓多倍体

草莓属的染色体基数 $x=7$,经鉴定的 23 个种中,1 个有多倍体类型,12 个为多倍体种,其中有四倍体、六倍体、八倍体和十倍体,通过杂交还可得到部分可育的五倍体和高度不育的九倍体及一些非整倍体。草莓的原始种是二倍体的'野生泡草莓',果形小,利用价值低。现在主要的栽培种是八倍体,如'深红草莓'、'梨形草莓'和'智利草莓'。八倍体草莓在我国西南部和台湾有自然分布。草莓八倍体比二倍体有高度的抗旱性、抗热性和深根性,有充分利用土壤肥力的能力,果实比二倍体大数倍,而且很丰产,因此栽培的草莓几乎都是多倍体。这是多倍体程度很高的"种"在生产上利用的最典型实例(表3-1)。

7. 山楂多倍体

山楂属的染色体基数 $x=17$,主要栽培种是二倍体,少数品种为三倍体或四倍体。'阿尔泰山楂'等种为四倍体,'多浆山楂'等种为三倍体,也有些种兼有二倍体和四倍体,或兼有三倍体和四倍体,或兼有二倍体、三倍体和四倍体(表3-1)。

表 3-1　主要果树的多倍体

属名及染色体基数	果树种名	体细胞染色体倍数
苹果属	海棠花、垂丝海棠	$2x,3x$
Malus	苹果、海棠果、沙金海棠、花叶海棠	$2x,3x,4x$
$x=17$	淡褐海棠、窄叶海棠	$2x,4x$
	三叶海棠	$2x,3x,4x,5x$
	苞片海棠	$3x$
	冠状海棠、湖北海棠、尖叶海棠、宽果海棠、锡金海棠、变叶海棠	$3x,4x$
	丽江山荆子	$3x,4x,5x$
	粉绿海棠、五毛海棠	$4x$
梨属	新疆梨、秋子梨、木梨	$2x,3x$
Pyrus	西洋梨、沙梨	$2x,3x,4x$
$x=17$	白梨	$2x,4x$
	杏叶梨	$3x$
山楂属	山楂、辽宁山楂	$2x,3x,4x$
Crataegus	甘肃山楂、毛叶山楂	$2x,4x$
$x=17$	多浆山楂	$3x$
	光叶山楂	$3x,4x$
	阿尔泰山楂	$4x$

属名及染色体基数	果树种名	体细胞染色体倍数
李属	梅、樱桃李、日本早樱桃、山樱桃	$2x,3x$
Prunus	欧洲甜樱桃	$2x,3x,4x$
$x=8$	黑刺李、中国早樱桃、中国樱桃、欧洲酸樱桃	$4x$
	欧洲李	$6x$
草莓属	日本草莓	$2x,4x$
Fragaria	东方草莓、森林草莓	$4x$
$x=7$	麝香草莓	$6x$
	智利草莓、大果草莓、梨形草莓、深红草莓、凤梨草莓	$8x$
枣属	中国枣	$2x,3x$
Ziziphus	麻核枣	$2x,4x$
$x=10,12,13$	印度枣	$2x,4x,6x,8x$
	毛叶枣	$4x$
	园叶枣	$6x$
柿属	弗吉尼亚柿	$4x,6x$
Diospyros	柿	$6x$
$x=15$		
葡萄属	山葡萄	$2x$
Vitis	欧洲葡萄	$2x,3x,4x$
$x=19$	美洲葡萄	$2x,4x$
猕猴桃属	中华猕猴桃、葛枣猕猴桃、狗枣猕猴桃	$2x,4x$
Actinidia	软枣猕猴桃、大籽猕猴桃、金花猕猴桃	$4x$
$x=29$		
柑橘属	香橙、夏橙、葡萄柚、来檬	$2x,3x,4x$
Citrus	甜橙	$2x,3x,4x,5x$
$x=9$	酸橙、柚、大柚、四季橘、大翼橙、宽皮橘、温州蜜柑、柠檬	$2x,4x$
枸橘属	枸橘	$2x,4x$
Poncirus		
$x=9$		
凤梨属	凤梨	$2x,3x,4x$
Ananas		
$x=25$		
芭蕉属	香蕉	$3x$
Musa		
$x=11$		

第四章　果树的脱毒快繁技术

第一节　植物组织与细胞培养基本理论

植物组织培养(plant tissue culture)是从 20 世纪初开始,经过长期科学研究与技术实践发展形成的一套较为完整的技术体系。即通过无菌操作,把植物体的器官、组织、细胞甚至原生质体,接种于人工配制的培养基上,在人工控制的环境条件下进行培养,使之生长、繁殖或长出完整植株的技术和方法。在组织培养中,人们把从活体植物上切取下来进行培养的组织或器官称为外植体(explant),因为外植体通常是离体的,所以植物组织培养又称为植物离体培养(plant *in vitro* culture)。现在几乎所有植物,其器官、组织材料都能离体培养成功。

植物组织培养的重要理论基础是植物细胞的全能性。植物细胞全能性(totipotency),就是植物体细胞或性细胞,在人为控制的培养条件下具有再生成新个体的潜能,因而在适宜的条件下可以被诱导生长分化形成完整植株。在组织培养中,当人们把分化组织中的不分裂的静止细胞放在一种能促进细胞增殖的培养基上以后,细胞内就会发生某些变化,从而使细胞进入分裂状态。一个成熟细胞转变为分生状态的过程称为脱分化(dedifferentiation)。显然,脱分化过程的实质是解除分化,逆转细胞的分化状态,使其回到分化前的原始状态,以恢复细胞的全能性。然而,离体培养的植物组织和细胞形成的处于脱分化状态的细胞(愈伤组织),仍可以再度分化成另一种或几种类型的细胞、组织、器官,甚至最终再生成完整的植株,这一过程称为再分化(redifferentiation)。植物组织培养中,外植体通常是多细胞的,并且组成它们的细胞常常包括各种不同的类型,因此由一个外植体所形成的愈伤组织也是异质的,其中不同的组分细胞具有不同的形成完整植株的能力,即不同的再分化能力。一个细胞经历了脱分化以后,还能再分化形成完整的植株,是因为这些细胞具有全能性。

根据上面的介绍可以看出,植物细胞全能性的实现必须满足以下两个条件:一是把这些细胞从植物体其余部分的抑制性影响下解脱出来,也就是说必须使这部分细胞处于离体的条件下;二是要给予它们适当的刺激,即给予它们一定的营养物质,并使它们受到一定的刺激作用。一个已分化的细胞要实现它的全能性,必须经历上面所说的两个过程,即脱分化和再分化。在大多数情况下,再分化是在愈伤组织细胞中发生的,但在有些情况下,再分化可以直接发生在脱分化的细胞当中,其间不需要经过一个愈伤组织阶段,例如,烟草的薄层表皮细胞在离体培养中不经愈伤组织可直接分化出芽来。脱分化后的细胞进行再分化的过程有两种方式:一种是器官发生方式;另一种是胚胎发生方式。

自从 1902 年 Haberlandt 提出植物细胞全能性理论以来,经过无数科学工作者的共同努力,植物离体培养这一技术日趋完善和成熟。而且人们对全能性理论的实质及实现途径有了更加清楚的认识,也使其理论得到了广泛证实。果树是极其重要的经济作物,对发展国民经济和提高人民生活水平具有十分重要的作用。因此,近30年来果树组织培养技术发展十分迅速,研究内容越来越广泛,应用范围日趋扩大。果树虽然生长周期长,培养技术难度大,但在脱毒、快繁及品质改良等方面,比一年生植物具有更特殊的意义。

第二节　基本培养基的配制及无菌操作技术

一、培养基

1. 无机元素

无机元素在植物生活中非常重要,例如,镁是叶绿素分子的一部分,钙是细胞壁的组分之一,氮是各种氨基酸、维生素、蛋白质和核酸的重要组成部分。与此类似,铁、锌和钼是某些酶的组成部分。此外,一些元素还影响植物的形态发生和组织、器官的建成。除了碳(C)、氢(H)和氧(O)外,已知还有12种元素对于植物的生长是必需的,它们是氮(N)、磷(P)、硫(S)、钙(Ca)、钾(K)、镁(Mg)、铁(Fe)、锰(Mn)、铜(Cu)、锌(Zn)、硼(B)和钼(Mo)。实质上,对于整株植物生长有重要作用的这15种元素,对于组织培养来说也是必需的。

根据国际植物生理协会的建议,在上述各种元素中,植物的需求浓度大于0.5mmol/L的称为大量元素,小于0.5mmol/L的称为微量元素。现将它们分述如下。

（1）大量元素

以盐的形式加在培养基中的大量元素有6种,即氮(N)、磷(P)、钾(K)、钙(Ca)、镁(Mg)和硫(S),它们对植物细胞和组织的生长都是必不可少的。

培养基中无机氮的供应可以有两种形式,一种是硝酸盐;另一种是铵盐。当作为唯一的氮源时,硝酸盐的作用要比铵盐好得多,但在单独使用硝酸盐时,培养基的pH会向碱性方向漂移。若与硝酸盐一起加入少量铵盐,或任何其他还原态氮源,则会阻止这种漂移。因此,许多培养基既含有硝酸盐,也含有铵盐。

（2）微量元素

对于植物细胞和组织的生长必不可少但需要量较少的6种微量元素是:铁(Fe)、锰(Mn)、锌(Zn)、硼(B)、铜(Cu)和钼(Mo)。

在这6种元素中,铁看来较为关键。现在在多数培养基中铁是以一种螯合形式,即Fe·EDTA的形式提供的。以这种形式提供的铁能很好地被植物组织所利用。Fe·EDTA可使用$FeSO_4 \cdot 7H_2O$和$Na_2 \cdot EDTA$进行制备。

2. 有机营养

（1）维生素

自然界的植物都能在体内合成维生素,并把它们用作各种代谢过程的催化剂。大多数离体培养的细胞虽然也能合成所有必需的维生素,但数量显著不足,因此在培养基中常常必须补加一种或几种维生素。在组织培养中常用的维生素有盐酸硫胺素(维生素B_1)、烟酸(维生素B_3)、盐酸吡哆醇(维生素B_6)、泛酸钙(维生素B_5)和肌醇,其中硫胺素是所有细胞和组织必需的基本维生素,烟酸和吡哆醇虽然也很常用,但在许多种植物中它们对细胞的生长可能并非必需。其他几种维生素,如生物素、叶酸、泛酸、维生素E(生育素)和核黄素（维生素 B_2）等，植物组织培养物对它们的需要量微乎其微，主要是在极低密度的细胞培养中应用。

（2）氨基酸

在正常情况下，离体培养的细胞都能合成各种代谢过程所需要的氨基酸。但尽管如此，对于原生质体培养和细胞系的建立而言，在培养基中添加氨基酸对于刺激细胞生长仍然具有重要意义。与无机氮不同，氨基酸能很快就被植物细胞摄入。水解酪蛋白（0.05%～0.1%）、L-谷氨酰胺（8mmol/L）、L-天冬酰胺（100mmol/L）、L-甘氨酸（2mmol/L）、L-精氨酸和半胱氨酸（10mmol/L）是组织培养中常用的有机氮源。

（3）碳源和能源

离体植物细胞难于合成足够的营养物质，它们依赖于外界碳源生存，是异养的。绿色的组织在培养中也会逐渐失去它们的叶绿素，而只依赖于外界碳源生活。即使是那些在培养期间由于某些突然变化或被置于特殊条件之下而获得了色素的组织，也不是碳素自养的，它们需要外加的碳源来提供能量。如果在培养基中加入一种合适的碳源，就是在培养中已经充分分化了的绿色幼茎也会生长得很好。由此看来，在培养基中加入一种可被利用的碳源是十分必要的。

最常用的碳源是蔗糖，浓度一般为 2%～5%。一般来说，以蔗糖作碳源时，离体的双子叶植物的根生长得最好；而以右旋糖（葡萄糖）作碳源时，单子叶植物的根生长得最好。矮生苹果的组织培养物在以山梨醇作碳源和以蔗糖或葡萄糖作碳源时都长得很好。

（4）其他有机附加物

为了促进某些愈伤组织和器官的生长，在组织培养中还常使用很多种化学成分不明的复杂的营养混合物，如水解酪蛋白（CH）、椰子汁（CM）、玉米胚乳、麦芽浸出物（ME）、番茄汁（TJ）和酵母浸出物（YE）等。不过这类提取物所含的生长促进成分的质和量常因组织的年龄和供体植株的品种而变化，实验结果的可重复性较差，因此，多数研究者认为，如在培养中无特殊需求不用为宜，以采用成分固定的化合物代替为好。

3. 植物生长调节剂

除了营养物质以外，为了促进组织和器官的生长，通常还有必要在培养基中加入一种或一种以上的植物生长调节剂，如生长素、细胞分裂素和赤霉素。不过，对这些物质的要求常因组织的不同而有很大变化。这取决于它们的内源激素水平。

（1）生长素

在组织培养中常用的生长素类生长调节剂主要有 IAA（吲哚乙酸）、NAA（萘乙酸）、2,4-D（2,4-二氯苯氧乙酸）和 IBA（吲哚-3-丁酸）。在以上各种生长素中，只有 IAA 是天然的植物激素，其他几种都是人工合成的生长调节物质。

在自然界中，生长素影响茎和节间的伸长、向性、顶端优势、叶片脱落和生根等。在组织培养中，生长素被用于诱导细胞的分裂和根的分化，其中 2,4-D 被广泛用于愈伤组织的诱导，IAA、NAA、IBA 特别是 IBA 被广泛用于生根，并能与细胞分裂素互作促进茎芽的增殖。不过在使用生长素时应当注意，如果生长素的相对用量过高，会刺激很多种类的细胞产生乙烯。

IBA、NAA 和 2,4-D 等都具有热稳定性，但 IAA 容易被光降解和被培养组织中的酶氧化。生长素一般溶于 1mol/L 的 NaOH 或 95％的乙醇中，2，4-D 还可溶于二甲基亚砜（DMSO）。需注意的是，IAA 贮备液由于在几天之内即能发生光解，变成粉色，必须置于棕色瓶中避光保存，而且贮存时间最好不超过 1 周。

（2）细胞分裂素

各种细胞分裂素（cytokinin）都是腺嘌呤的衍生物。在组织培养中常用的细胞分裂素类生长调节剂有 KT（6-呋喃基嘌呤）、6-BA（6-苄氨基腺嘌呤）、ZT（玉米素）和 2-iP（异戊烯腺嘌呤），其中 ZT 和 2-iP 是天然的植物激素，KT 和 6-BA 则是人工合成的植物生长调节剂。在自然界中，细胞分裂素主要是影响细胞分裂、顶端优势的变化和茎芽的分化等。在培养基中加入细胞分裂素的目的，主要是为促进细胞分裂和由愈伤组织或器官上分化不定芽。这类化合物有助于腋芽由顶端优势的抑制下解放出来，因此也可用于枝条的增殖。

细胞分裂素一般溶于 1mol/L 的 HCl 或 NaOH 中。各种细胞分裂素的贮备液可以在冰箱中保存数月而不降解。另外，细胞分裂素具有热稳定性，可以进行高温灭菌。

（3）赤霉素和脱落酸

赤霉素有 20 多种，其中在组织培养中所用的是 GA_3，与生长素和细胞分裂素相比，赤霉素不常使用。低浓度 GA_3 能促进矮生小植株茎节伸长，赤霉素还能刺激在培养中形成的不定胚正常发育成小植株。赤霉素易溶于冷水，每升水最多可溶解 1000mg，但 GA_3 溶于水后不稳定，容易分解，故最好以 95％乙醇配成母液在冰箱中保存。另外，GA_3 溶液不耐热，在 114℃下经过 20min，活性就会降低 90％以上，因此对 GA_3 不能高温灭菌，只能在加入培养基之前进行过滤灭菌。

脱落酸（ABA）在组织培养中很少使用。有些例子表明，加在培养基中的脱落酸，或是能促进愈伤组织的生长，或是能抑制它的生长，其作用因物种而不同，在胚培养中，脱落酸能抑制胚的早熟萌发，促进晚期胚胎的正常成熟。脱落酸难溶于水，易溶于 $NaHCO_3$ 溶液、氯仿或丙酮。脱落酸具有热稳定性，但易发生光解。

4. 凝固剂

培养基的物理状态有液体和固体两种类型。液体培养基适于细胞培养，促进细胞生物产量或代谢产物的增加。固体培养基多用于愈伤组织和试管苗等培养。固体培养基的凝胶剂有多种类型，最常使用的有琼脂和琼脂糖。

（1）琼脂

琼脂是最常使用的凝胶剂，它主要来源于石花菜（*Gelidium amans*）（一种红藻），是由蔗糖和半乳糖构成的多糖复合物。一般的使用浓度为 0.5％～1.0％，若浓度太高，培养基就会变得很硬，营养物质就难于扩散到培养的组织中去。琼脂不适合用于营养研究，因为商品琼脂不纯，含有 Ca、Mg、K、Na 和一些微量元素。对于十分严格的实验，需要将琼脂纯化。高温灭菌时间过长或者培养基 pH 过低将导致琼脂部分水解，培养基不能很好地凝固。

（2）琼脂糖

琼脂糖由 β-D(1-3)-吡喃半乳糖和 3,6-酐基-α-L(1,4)-吡喃半乳糖连接成 20～60 单糖的聚合链。琼脂糖是通过纯化琼脂，除去带硫酸侧链的琼脂糖果胶获得。制备过程复杂,所以琼脂糖的成本远远高于琼脂。琼脂糖的凝胶强度高,一般用于单细胞或原生质体培养,使用浓度为 0.4%。原生质体包埋培养中常常选择低熔点的琼脂糖作凝胶剂。

除了上述成分外,培养基的 pH 和水的质量对培养效果也至关重要。在灭菌之前培养基的 pH 一般都是调节到 5.5～6.0,一般来说,当 pH 高于 6.0 时,培养基将会变硬,低于 5.0 时,琼脂不能很好地凝固。

水为植物组织培养所必需。由于细胞生长所需的化学成分、营养物质都必须用水溶解才能被细胞吸收,在植物组织培养中所用的水必须非常纯,特别是单细胞培养、小孢子培养和原生质体培养。因为细胞在体外培养时对水的质量非常敏感,普通自来水含有大量离子及其他杂质,对细胞生长极其不利,并且实验也不具有可重复性。组织培养实验中常用的水有蒸馏水和去离子水。

5. 常用培养基及其特点

已发表的植物组织培养的培养基配方很多,但被广泛采用的培养基并不太多,许多培养基是由这些被广泛采用的基础培养基经改良而发展起来的。几种被广泛采用的基础培养基配方见附录 2。

MS 培养基的无机盐和离子浓度较高,养分平衡,是目前使用最多的培养基。

B_5 的主要特点是含有较低的铵离子,这个成分可能对很多培养物的生长有抑制作用。

White 培养基的无机盐含量较低,适于生根培养。

KM8p 主要用于原生质体培养,其特点是有机成分较复杂,它包括了几乎所有的单糖和维生素、呼吸代谢中的主要有机酸。

N_6 培养基是花药培养中常用的培养基,其成分较简单,且 KNO_3 和 NH_4NO_3 含量高。

二、灭菌与消毒

灭菌是指对微生物的灭杀过程。保持无菌是成功进行组织培养的必要条件。所有的培养器皿、培养基、用于组织培养操作的各种仪器及离体的植株必须经过灭菌或消毒。此外还得保持空气、物体表面和地面无尘。必须注意的是不要将这些超净工作台和进行组织培养的场所与其他微生物学工作者和病理学工作者共同使用。如果组织培养工作本身需要进行抗病原筛选或者毒素的提取等,这时也必须与进行病理学工作的场所分开。植物组织培养中所用的超净工作台应产生由后面吹向前面的横向风,病理工作或由农杆菌介导的转化工作采用产生纵向风的超净工作台则更好。

一般而言,灭菌和消毒过程可分为以下 3 部分:培养基、容器和小器械的灭菌;无菌条件的保持;植物材料的消毒。

1. 培养基、容器和小器械的灭菌

(1) 培养基的灭菌

大多数培养基都是采用高压蒸汽灭菌法,良好的灭菌效果取决于灭菌时间、压力、温度和被消毒物体的体积,对培养基高压灭菌的标准条件是 121℃、105kPa、20min。同时必须认识到,在高压灭菌过程中热渗透是非常重要的,大体积培养基的灭菌时间应该长一些,因为热渗透到大体积培养基中需要较长的时间。

此外,在高压灭菌中或灭菌后,应该考虑到下列几点:①培养基的 pH 降低 0.3～

0.5;②灭菌中较高的温度可使糖焦化而产生毒性;③使用高压灭菌器能使挥发性物质遭受破坏;④高压灭菌的时间过长会造成盐沉淀,使琼脂多聚体解聚;⑤要注意应用正确的灭菌时间和温度。

一些生长因子、氨基酸、维生素是热不稳定的,在高温、高压灭菌过程中,这些物质会被破坏。这些化学物质应该采用滤网,或者利用 $0.45\mu m$ 或 $0.22\mu m$ 孔径的滤膜过滤灭菌。一系列细菌不能透过的滤膜及相关仪器,可以被用于体积较小的液体灭菌。如果要灭菌的培养基体积较大,则要用真空过滤器进行过滤。大部分的过滤器由纤维素乙酸酯或纤维素硝酸酯构成,这些一次性使用的塑料过滤器销售前已预灭菌。在过滤灭菌过程中,所有那些大于过滤器孔径的颗粒、微生物可以被过滤掉。当一种不耐热的物质需要加到培养基中时,常用过滤灭菌。具体方法是将不含有该物质的培养基加到三角瓶中,首先在高压灭菌锅中进行灭菌,在超净工作台上将经过过滤灭菌的该物质加入冷却至50℃左右的培养基中(仍然为液体状态时),然后搅拌均匀,再分配到已灭过菌的三角瓶内。

(2) 容器和小器械的灭菌

容器和小器械的灭菌可以采用高压蒸汽灭菌法,也可采用干热灭菌法。具体做法是将各种容器和小器械用铝箔或牛皮纸包起来,也可以密封在金属容器中加热至160~180℃下保持2~3h来完成。其效果与121℃下湿热(蒸汽)灭菌20min的效果相同。

此外,在组织培养中有时也用射线对培养用塑料容器进行灭菌。具体做法是在超净工作台上将塑料容器在紫外线下照射一定时间进行灭菌,然后将高压灭菌后的培养基分装到灭过菌的塑料容器中。在研究型实验室中一般不采用这种辐射处理方法。

2. 无菌条件的保持

超净工作台在用前要提前20min开启,然后用70%的乙醇喷洒或擦拭消毒。操作者的手在操作过程中应保持无菌,首先要用抗菌洗涤剂把手洗干净,然后用70%的乙醇擦拭。在操作过程中反复使用的器械尽管已经过干燥或蒸汽消毒,但也要进行反复消毒。通常先用70%的乙醇浸泡,然后置于酒精灯上灼烧。在整个操作过程完成后,培养器皿应尽快地封好。

所有的材料,包括培养皿、培养基等都要放置到超净工作台的一边,材料的放置不应改变空气流通方式。另外,操作过程中禁止讲话,如果一定要讲话,要把脸转向左边或右边,但是手要始终保持在工作台内。

3. 植物材料的消毒

植物材料可以用不同的化学物质进行表面消毒。利用化学药品可以将微生物彻底清除,但过分消毒往往也会损伤植物组织。具体的化学消毒剂种类、浓度和处理时间应经实验确定。因此,每种植物组织的最佳消毒条件的确定是非常重要的。

下面是一些常用消毒剂(表4-1)。

①1%的次氯酸钠 NaClO:商业漂白剂通常活性氯的含量为5%,使用时可将其稀释到所需浓度。

②次氯酸钙 $Ca(ClO)_2$:市场中的次氯酸钙为粉末状。这种化合物能与水很好地混合,通过沉淀和过滤,上清液可以用于消毒。通常被用于消毒的次氯酸钙的浓度为4~10g/100ml。与次氯酸钠相比较,次氯酸钙进入植物组织的速度较慢。由于次氯酸钙具

有吸水特性,它只能在有限的期限内保存。

③0.01%~1%的氯化汞:将氯化汞溶解在水中制备成溶液。氯化汞是一种对植物有剧毒的化合物,因此,冲洗必须非常彻底,并且应该在一个分开的被标记的培养皿中处理。

④乙醇:将植物材料在70%乙醇溶液中浸泡30s~2min可以达到消毒的目的。通常,乙醇不能够清除所有的微生物,通过乙醇消毒的植物材料还需要用另外的化学消毒剂消毒。

⑤10%的过氧化氢。

⑥1%的硝酸银:将硝酸银溶解在水中制备成溶液,放在棕色瓶中备用。

⑦4~50mg/L的抗生素溶液:配好的抗生素溶液通常要采用过滤灭菌。

表 4-1　常用外植体的消毒剂的性质和消毒效果比较

化合物	浓度/%	处理时间/min	清除程度	消毒效果
次氯酸钠	1~1.4	5~30	易	非常有效
次氯酸钙	9~10	5~30	易	非常有效
过氧化氢	10~12	5~15	最易	有效
乙醇	70~75	0.5~2	易	有效
硝酸银	1	5~30	较难	有效
氯化汞	0.01~1	2~10	最难	十分有效
抗生素	4~50mg/L	30~60	中	有效

为了使植物的所有表面触到消毒液,植物材料可在70%的乙醇中浸泡30s,或者将几滴液体去污剂加入到另外的化学消毒剂中,以保证消毒效果。经过消毒剂处理后的外植体必须用无菌蒸馏水反复冲洗,因为滞留在外植体中的有害化学物质会严重影响外植体的生长。

4. 接种操作

接种操作包括初代接种和继代转接,初代接种就是将消毒好的外植体在超净工作台上进行剥离或切割,然后将其装入相应的培养基中;继代转接就是将已分化增殖了的大量新芽重新分割后转入新的培养基中进行继代培养,二者的操作大体相同。

第三节　果树病毒脱除技术

多数农作物,特别是无性繁殖作物都易受到一种或一种以上病原菌的周身侵染。虽然通过杀细菌和杀真菌的药物处理,可以治愈受细菌和真菌侵染的植物,但现在还没有什么药物处理可以治愈受病毒侵染的植物,病毒一旦浸入植物体内,很难去除。

大部分病毒都不是通过种子传播的,因此,若是使用未受侵染个体的种子进行繁殖,就有可能得到无病毒植株。不过有性繁殖后代常常表现遗传变异性,在果树生产中,品种的无性繁殖十分重要,而这一般都是通过营养繁殖实现的,病毒可随无性繁殖材料的调运远距离传播,或通过嫁接传染给新繁殖的苗木,使病毒不断扩散蔓延,危害逐年加重。在果树病毒防治中,常用的技术措施是选用抗病品种栽培无病毒苗木,但目前筛选出抗病毒种质极其有限,有些品种抗病但品质欠佳,不能满足生产需要,因此最有效的办法就是采用一定措施脱除植物体内的病毒,培育无病毒原种材料。一旦获得了一个不带病毒的植株,然后就可在不致受到重新侵染的条件下,对它进行无性繁殖。

应用植物脱毒技术可使品种复壮,明显提高作物的产量、品质。草莓脱毒后表现出明显的植株生长优势,个头增大,色泽鲜艳,产量显著提高。苹果脱毒苗生长快,结果早,结果大,产量高。香蕉、柑橘和番木瓜脱毒后提高了产量品质,增加了繁殖系数。

植物病毒在不同地理范围的分布情况差别很大。不同地区能导致同一种植物感病的病毒种类和优势小种也不同,即便由同一种植物的若干个体组成的群体中,因为毒源的随机性、病毒转移的多样性等原因,病毒的分布也不均匀,不同个体间感染病毒的机会和感染程度差异也较大。同一植物上病毒具有系统侵染的特点,在植物体中除生长点外的各个部位均可带毒,但不同的器官、组织、部位带毒量差别较大,即病毒在寄主体内呈不均匀分布。

常用的脱毒方法有物理方法、生物学方法和化学方法。

一、物理方法

通过热处理可由受侵染的个体得到无毒植株。其原理是适当的高温可部分或完全钝化植物组织中的病毒,且很少或不伤害寄主组织。图 4-1 是植物生长区与热处理区关系图解。热处理可通过热水或热空气进行,前者对休眠芽效果较好,后者对活跃生长的茎尖效果较好。热空气处理即把旺盛生长的植物移入热疗室中,35～40℃处理一定时间(几分钟到数周不等)。热处理后应立即把茎尖切下嫁接到无病砧木上或进行组织培养。需要注意的是,热处理的最初几天空气温度应逐步升高,直至所需温度。如果连续的高温会伤害寄主组织,可采用高低温交替的办法,并保持适当的湿度和光照。接受热处理的植株需含丰富的碳水化合物,为此可在事前对植株进行缩剪,增加植株的热耐受力。

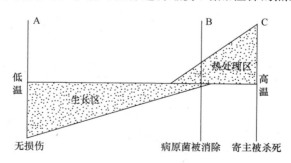

图 4-1　植物生长区与热处理区关系图

然而并非所有的病毒都对热处理敏感,对于不能由单独热处理消除的病毒,可通过热处理与茎尖培养相结合,或单独茎尖培养来消除。

热处理的温度和持续时间十分重要。菊花热处理的时间由 10d 增加到 30d,无毒植株的频率由 9％增加到 90％,处理 40d 或更长时间不能再增加无毒植株的频率,却会显著减少能形成植株的茎尖数。为消除马铃薯芽眼中的马铃薯卷叶病毒,须采用 40℃、4h 和 20℃、20h 两种温度交替处理,连续 40℃高温会杀死芽眼;为钝化黄花烟草中的黄瓜花叶病毒(CMV)而又不伤害寄主,最好是 40℃、48h 和 35℃、48h 交替处理。

但是,延长寄主植物的处理时间可能钝化寄主植物组织中的抗性因子,降低处理效果。此外,在有些植物中,对植物进行较长时间的低温(2～4℃)处理也能消除病毒。

在热处理中 B-C 区是个关键;在寄主的热死点(C)和寄生物热死点(B)之间的距离越大,热疗法成功的机会也就越大。

二、生物学方法

1. 茎尖组织培养脱毒法

（1）茎尖组织培养脱毒的原理

病毒在植物体内的分布是不均匀的,在茎尖中呈梯度分布。在受侵染的植株中,顶端分生组织无毒或含毒量极低。较老组织的含毒量随着与茎尖距离的加大而增加。分生组织含毒量低的原因可能如下。①植物病毒自身不具有主动转移的能力,无论在病田植株间还是在病组织内,病毒的移动都是被动的。在植物体内,病毒可通过维管束组织系统长距离转移,转移速度较快,而分生组织中不存在维管束。病毒也可通过胞间连丝在细胞间移动,但速度很慢,难以追赶上活跃生长的茎尖。②在旺盛分裂的细胞中,代谢活性很高,使病毒无法进行复制。③在植物体内可能存在着病毒钝化系统,它在分生组织中比其他任何区域都具有更高的活性。④在茎尖中存在高水平内源生长素,可抑制病毒的增殖。茎尖培养主要用于消除病毒及类病毒、类菌质体、细菌和真菌等病原物。

（2）茎尖组织培养脱毒的方法

用组织培养法生产无毒植株,所用的外植体为茎尖或茎的顶端分生组织。顶端分生组织是指茎的最幼龄叶原基上方的部分,最大直径约为 100μm,最大长度约为 250μm。茎尖是指顶端分生组织及其下方的上 1～3 个幼叶原基。通过顶端分生组织培养消除病毒的概率高,但多数无毒植株都是通过培养茎尖外植体(250～1000μm)得到的。

在进行茎尖培养消除病毒时,为了降低供试植株材料的自然带毒,把供试植株种在温室的无菌盆土中,并采取相应的保护栽培管理措施,如浇水时将水直接浇在土壤上而不浇在叶片上,定期喷施内吸性杀菌剂等。某些田间种植的材料,可切取其插条,在营养液中培养,其腋芽长成的枝条比田间直接取材的污染少得多。

茎尖或顶端分生组织应是无菌的,但一般在切取外植体之前需对茎芽进行表面消毒。对于叶片包被紧实的芽(如菠萝等)只需在 75％乙醇中浸蘸一下即可。对于叶片包被松散的芽要用 0.1％次氯酸钠溶液表面消毒 10min。当然在实际工作中应灵活应用各种消毒方法。

在超净工作台上剥取茎尖时可借助体视解剖镜,要防止超净工作台的气流和体视显微镜上钨灯的散热使茎尖变干。为此,可使用冷光源,茎尖暴露的时间应尽量短,或在衬有湿滤纸的无菌培养皿内进行解剖,防止外植体变干。在剖取茎尖时,把茎芽置于体视显微镜下,一手用一把细镊子将其按住;另一手用解剖针将叶片和叶原基剥掉,当闪亮半圆球形顶端分生组织充分暴露后,用刀片将分生组织切下,接种于培养基上,可带或不带叶原基。切下的茎尖外植体不能与芽的较老部分或解剖镜台或持芽的镊子接触,尤其是当芽未曾进行过表面消毒时更需如此。由茎尖长出的新茎可进行生根诱导,不能生根的茎可嫁接到健康砧木上,以获得无毒植株。

（3）影响茎尖培养的因素

培养基、外植体大小、培养条件及其生理发育时期等都会影响离体茎尖的再生能力和脱毒效果。

1）培养基

通过正确选择培养基,可以显著提高获得完整植株的成功率。培养基的选择主要包括营养成分、生长调节物质和物理状态（液态、固态）等方面。在很多情况下,MS培养基对茎尖培养是有效的。碳源一般是用蔗糖或葡萄糖,浓度为2%～4%。虽然说较大的茎尖外植体（500μm或更长）在不含植物生长调节剂的培养基中也可以再生出完整的植株,但一般来讲,含有少量0.1～0.5mg/L的生长素或细胞分裂素或二者兼有常常是有利的。在被子植物中,茎尖分生组织不是生长素的来源,不能自我提供所需的生长素。生长素可能是由第二对幼叶原基形成的。

虽然在茎尖培养中,既可用液体培养基,也可用固体培养基,但是由于操作方便,一般更多地采用固体培养基。不过,在固体培养基诱导愈伤组织分化的情况下,最好还是使用液体培养基,在使用液体培养基的时候,可制作一个滤纸桥。

2）外植体大小

在最适合的培养条件下,外植体的大小可以决定茎尖的存活率。外植体越大,产生再生植株的概率也就越高。在木薯中,只有200μm长的外植体能够形成完整的植株,再小的茎尖或是形成愈伤组织,或是只能长根。小外植体对茎的生根也不太有利。当然,在考虑外植体的存活率时,应该与脱病毒效率（与外植体的大小成负相关）联系起来。理想的外植体应小到足以能根除病毒,大到能发育成一个完整的植株。

除了外植体的大小之外,叶原基的存在与否也影响分生组织形成植株的能力。虽然证实了不带叶原基的离体顶端分生组织有可能进行无限生长,并发育成完整的植株,但叶原基能向分生组织提供生长和分化所必需的生长素和细胞分裂素。在含有必要的生长调节物质的培养基中,离体顶端分生组织能在组织重建过程中迅速形成双极性轴。根的形成出现于叶原基分化之前,根的发育是轴向的,而不是侧向的。一旦根茎之间的轴建立起来以后,进一步的发育将与种子苗发育的方式相同。

3）培养条件

在茎尖培养中,光照培养的效果通常都比暗培养好。关于在离体茎尖培养中温度对植株再生的效应,目前还未见报道,培养通常都是在（25±2）℃下进行。

4）外植体的生理状态

茎尖最好从活跃生长的芽上切取。取芽的时间也是一个影响因子,这对于表现周期性生长习性的果树来说更是如此。在温带树种中,植株的生长只限于短暂的春季,此后很长时间茎尖处于休眠状态,直到低温或光打破休眠为止。在这种情况下,茎尖培养应在春季进行,若要在休眠期进行,则必须采用某种适当的处理。据 Boxus 和 Quoirin(1974)报道,李属植物取芽之前必须把茎保存在 4°C 下近 6 个月。

2. 微体嫁接离体培养脱毒法

微体嫁接法是 20 世纪 70 年代以后发展起来的一种培养无病毒苗木的方法,其特点是把极小($<0.2\text{mm}$)的茎尖接穗嫁接到实生苗砧木上(种子实生苗不带毒),然后连同砧木一起在培养基上培养。接穗在砧木的哺育下很容易成活,故可培养很小的茎尖,易于消除病毒。该技术已在柑橘、苹果上获得成功。

采用微体嫁接消除病毒时需要注意:①要求剥离技术很高。嫁接的成活率与接穗大小呈正相关,而脱毒率与接穗大小呈负相关,一般取小于 0.2mm 的茎尖嫁接可以脱除多数病毒,脱除病毒的效果和茎尖剥离技术密切相关。②对培养基的筛选并不十分困难,但必须考虑到砧木和接穗对营养组成的不同要求才能收到良好效果。③与接穗的取材季节密切相关。不同的取材季节嫁接成活率不同,如苹果 4～6 月取材嫁接成活率较高,10 月到翌年 3 月前取材成活率较低。

3. 珠心组织培养脱毒法

1976 年 Millins 通过珠心组织培养获得柑橘、葡萄的无病毒植株。病毒是通过维管组织移动的,而珠心组织与维管组织没有直接联系,一般不带或很少带病毒,故可以通过珠心组织培养获得无病毒植株。

三、化学方法

虽然目前尚未开发出完全杀灭植物病毒的化学药剂,但人们已研制出大量的能有效控制病毒病的化合物,其中在培养基中有些化学物质对植物病毒的复制和扩散有一定的抑制作用。抗病毒醚(ribavirin)即一种对 DNA 或 RNA 病毒具有广谱抑制作用的人工合成核苷类似物。用它处理植物材料,由于病毒的复制和移动被抑制,植株的新生部分可能不带病毒,取无病毒的新生部分繁殖可获得无病毒植株。

四、茎尖培养结合热处理脱毒法

某些病毒,如马铃薯 X 病毒(PVX)和 CMV 等能侵染正在生长中的茎尖分生区域,如由 300～600μm 长的菊花茎尖的愈伤组织形成的植株都带毒。在这种情况下,需将茎尖培养与热疗法相结合。热处理可在脱毒之前的母株上或在茎尖培养期间进行。如热处理(36°C,6 周)与茎尖培养相结合,比单独茎尖培养更易于消除葡萄温性黄边病菌,热处理可提高多数草莓品种植株的生长速率。热处理时要注意处理材料的保湿和通风,以免过于干燥和腐烂。

某些难以消除的病毒,可经多个周期的热处理,再进行茎尖培养可脱除仅靠茎尖培养脱除不掉的病毒。例如,将马铃薯块茎放入 35°C 恒温培养箱内热处理 48 周,然后进行茎尖培养,可除去一般培养难以脱除的马铃薯纺锤形块茎类病毒。

第四节　重要果树的脱毒快繁技术

1. 苹果茎尖培养脱毒技术

苹果是蔷薇科(Rosaceae)苹果属(*Malus*)植物,是世界主要栽培果树树种之一。很多苹果品种果色艳丽,甜酸适口,香气宜人,并富含糖、酸、蛋白质、脂肪及多种维生素类营养物质。苹果耐贮藏、运输,能够季产年销,而且苹果果实宜生食,又适于加工。利用组织培养的手段进行苹果的快速繁殖、脱除病毒、加快育种进程及对优良树种和濒危树种的资源保存是当今苹果生产和科研工作中的前沿领域。

(1) 苹果主要病毒病

1) 苹果锈果病

苹果锈果病(apple scar skin)又称花脸病或裂果病,由类病毒引起。在我国的苹果产区都易发生,主要为害果实。其表现为:病树所结果实小而畸形,果面有锈斑,果实硬度增大。果实症状有锈果型、花脸型和复合型3种。锈果型果实果面布满锈斑,严重者沿锈斑处开裂;花脸型对果实外形影响虽不大,但果肉硬度增加,风味减少,不耐贮藏,从而使果品的商品性状严重受损;复合型即锈果型和花脸型混合,表现为果实在着色前与果实顶部出现明显锈斑,或于果面散生零星锈斑,着色后在未发生锈斑的部分或锈斑周围出现红绿相间的花脸症状。此种病毒的重要传播途径为嫁接传播及病树与健康树之间的根部间的接触传播。多发病树种为'富士'、'新红星'、'红香蕉'等品种及小苹果中的'槟子'、'沙果'及'海棠'等。

2) 苹果花叶病

苹果花叶病(apple mosaic)在世界各地均有发生,其症状为在叶片上形成各种类型的鲜黄色斑,或形成深绿色与浅绿色相间的花叶。重病树在5月下旬以后则出现早期落叶现象,直到9月。病树的新梢生长量减少,减产可达30%左右,病树的果实不易贮藏。苹果花叶病毒的传播途径可以通过嫁接及砧木种子传播病原。苹果中的'秦冠'、'金冠'等品种极易感染此病毒。该病除为害苹果外,还可为害花红、海棠果、沙果、山楂、梨、木瓜等。

3) 苹果绿皱果病

苹果绿皱果病(apple green crinkle)在世界许多苹果栽培区发生,在我国的甘肃、河南、辽宁等地都有发生。苹果绿皱果病的症状仅限于果实,树体的其他器官无明显变化。病果在树上的分布也无一定的规律,有的整株发病,有的仅部分枝条发病。病果出现较分散,甚至在同一花序果中同时存在病、健两种果实。病果呈现凹凸不平的畸形。凹陷部分果皮木栓化,有的变成铁锈色并有裂纹,使实失去商品价值。皱果病毒的传播途径主要是通过嫁接传播和病树与健康树之间的根部与根部接触传播。

4) 苹果褪绿叶斑病

苹果褪绿叶斑病(apple chlorotic leaf spot)病毒感染后的主要症状为褪绿斑的形状不规整,直径为1～3mm,病株叶片较健株小,有的向一侧弯曲呈舟形或匙形。有时病株新梢表现顶枯现象,枝叶丛生。枝梢的皮层内有黑褐色线纹,木质部表面产生凹陷斑,病株矮化。

5）苹果茎痘病

苹果茎痘病(apple stem pitting)病毒只侵染苹果和梨。被该种病毒感染后的主要症状为叶片反卷,病株在 6 月上旬前,叶片皱缩向下卷曲,6 月下旬以后,在枝梢皮层表面产生形状不规整的红褐色坏死斑,内皮层也有密集的坏死斑,木质部出现凹陷斑。有些枝梢顶端枯死,生长严重矮化,在'Virginia Crab'(弗吉尼亚小苹果,苹果茎痘病毒的标准指示植物)上,从 6 月中下旬开始在嫁接口以上的木质部表面产生凹陷斑,随枝生长凹陷斑逐渐向上扩展,病树外观并无明显异常变化。

6）苹果茎沟病

苹果茎沟病(apple stem grooving)病毒的寄主仅有苹果和梨,病株较健株生长矮小、衰弱、叶色较淡,有的病株在嫁接口部位肿胀,接合部内有深褐色坏死环纹。木质部表面产生深褐色纵向凹陷条沟,严重时在枝条树皮表面能看出沟痕。病株遇强风易从接口处折断。

（2）利用热处理和组织培养结合的方法脱除苹果的主要病毒

采用热处理的方法获得植物无病毒材料的技术已有 100 余年的历史,而这项技术在苹果无病毒材料获得方面的应用也有 50 余年的历史。在美国、英国、意大利、荷兰等苹果生产国,主要通过这种方法首先培养出无病毒苹果品种和营养系砧木母树,再以此为基础进行无病毒植株繁殖,实现了苹果生产的无病毒化。用热处理方法脱毒的原理是:带有病毒的植物材料在 38℃±1℃处理一定的时间会使病毒钝化,而材料的生活力尚在,而且病毒在植物的顶芽、茎尖的分生组织内的含量很少,同时,在这些分生组织中病毒的繁殖速度远低于植物细胞的分裂速度。利用组织培养的方法进行苹果的脱毒时,首先需在田间挑选叶片平展、叶色浓绿、植株生长势好、无明显被病毒感染症状的健壮母株的接穗和营养系砧木,可用切接法或芽接法育苗,切接法育苗通常是在 4 月将待脱病毒的苹果品种或营养系砧木的一年生枝条每 2～3 个芽剪为一段,切接于盆栽的砧木苗上,待嫁接成活后,将接穗芽发出的新枝保留 1～2 个,保证其健壮生长;芽接法育苗通常是在 8 月在盆栽砧木苗上每株芽接 3～4 个待脱毒品种的芽,嫁接成活后放于室外通过休眠期,翌年 2 月中下旬移入温室。切接苗在 20～25cm 处定干,保留 3～5 个饱满芽;芽接苗则在接芽上方0.5cm 处剪砧。热处理取材既可选择一年生小苗又可选择 2～3 年生的大苗,选择小苗时,热处理所需的空间小,但获得的可利用绿枝材料少,选择大苗时,热处理所需的空间大,但可以获得较多的绿枝材料。无论大苗还是小苗,都需给以充足的肥水管理,以保证其在处理过程中能够生长旺盛,长出较多较长的新枝。然后利用热处理使病毒钝化,再结合茎尖培养脱除目标病毒。苹果盆栽苗热处理需要在特定的培养室或光照培养箱中进行。在热处理前需经过低温处理和常温处理两个预处理过程。低温处理是在常温处理前20～30d 或更长时间开始进行,将准备好的盆栽苗置于 7℃以下的低温,使之稳定度过休眠期。常温预处理是将通过休眠后的盆栽苗移入热处理培养室或光照培养箱中,充分浇水后,保持 20～25℃恒温,或白天 20～30℃、夜间 10～15℃变温,使之萌动并能长出新枝。将经过预处理长出 3cm 以上新枝后的盆栽苹果苗在培养室或光照培养箱内升温热处理。热处理的培养室或光照培养箱内的空气相对湿度为 70% 左右,光照强度保持 2000lx,光照周期为 10h/d,热处理时间一般需 4~5 周。将经过热处理钝化了病毒的苹果绿枝上的顶芽、腋芽,通过外植体灭菌,在超净工作台上用镊子、手术刀、解剖针等器具,在解剖镜下剥离茎尖,一般茎尖的大小为 0.5~1mm,将茎尖接种在初代培养基上。这时的茎尖生长点内几乎不含有病毒。待茎尖分化出小植株后,需通过病毒检测,确定为无目标病毒的试管苗后,方可进行试管苗的快速繁殖。如果剥离的茎尖大小在 0.1~0.5mm 时,茎尖的带病毒率会更少,但茎尖的死亡率非常高,即使茎尖能够成活,分化出小植株的时间周期也较长。

(3) 利用茎尖培养快速繁殖苹果苗木

苹果的茎尖培养始于 20 世纪 60 年代,英国的 Jones 于 1967 年首次报道了 6-BA 在苹果离体新梢组织培养中的作用,获得了分化的再生植株,证明了细胞分裂素在苹果茎尖培养中的重要性。国内的苹果器官培养始于 20 世纪 70 年代,由北京植物所于 1977 年对苹果砧木 M_7、M_9 新梢的茎尖进行离体培养,并移栽成功。进入 80 年代中后期,苹果的组织培养得到了迅速发展。目前,多数的品种、砧木的茎尖已能进行工厂化育苗,其快速繁殖的技术路线基本相同。

1) 初代繁殖

苹果热处理后的新枝,剪成 1cm 左右带有顶芽或腋芽的茎段,流水冲洗 30min 以上,在接种间内进行外植体的灭菌,新枝上的腋芽及顶芽的组织非常幼嫩,经过热处理后又使其生长点在不同程度上受损,因此,外植体灭菌时灭菌剂的选择一般以 2% 次氯酸钠或饱和次氯酸钙上清液较好,由于氯化汞有毒,残留成分不易去除,对试验材料的后期生长影响较大且能进入食物链,目前,不提倡采用。灭菌时间的确定一般为 2~10min,用无菌水冲洗 3~5 次后,再在经过高压灭菌的滤纸上吸去多余的水分,最后在解剖镜下剥取生长点及其周围 1~3 个叶原基,并接种于初代培养基上。苹果茎尖培养的基本培养基可以选用 MS 和 White,初代培养基需具有一定的分化能力,其细胞分裂素的浓度应高于生长素的浓度,但在初代培养基中植物激素的浓度不宜过高,生长素种类多用 IAA、IBA,使用浓度为 0.05~0.20mg/L,细胞分裂素种类 6-BA,使用浓度为 0.5~2.0mg/L,将接种的芽生长点先置于光照条件下培养 7~10d,培养温度为 22~25℃,当叶原基变绿并有长大表现时,将未被污染的培养瓶移至恒温培养箱中,在上述温度条件下,进行暗培养至长出黄化幼苗。

2) 继代繁殖

将在初代培养基上长到 4~5cm 的黄化幼苗剪断,每段至少带有一个叶片,将其接种在继代培养基上,继续进行黄化培养。初分化的苹果茎尖分化苗,在暗培养的环境下芽增殖率较高,生长速度较快。经过 2~3 次暗培养后再移入培养室内进行光照培养,转入光照培养条件下培养 1 周左右试管苗即会变绿。在苹果的继代培养基中,基本培养基以 MS 较好,常用生长素的种类有 NAA、IBA、IAA,使用浓度一般为 0.01~0.10mg/L,细胞分裂素的种类以 6-BA 较好,使用浓度为 0.5~1.0mg/L。高国训等在对柱型苹果品种'舞姿'进行茎尖培养时发现,当培养基含有较低浓度 6-BA 时,柱型苹果'舞姿',短枝型'金矮生'和普通型苹果品种增殖都基本正常,当 6-BA 浓度较高时,短枝型和普通型品种受到强烈抑制。裴东等也报道,培养基中激素的类型、浓度和组合决定了组织器官的发育和分化方向。师校欣等、高遐红等在苹果砧木及品种的组织培养研究中发现,培养基中 6-BA 含量的高低,直接影响玻璃化苗的发生与否,随着 6-BA 浓度的升高,玻璃化苗的发生率显著增高。

3) 生根培养

在继代培养基上长势健壮、株高 3～5cm、叶片在 10 片左右的试管苗即可转入生根培养基进行生根培养,一般生根培养基以 1/2 MS 为基本培养基,不添加细胞分裂素,生长素浓度为 0.5～2.0mg/L,生长素的选择以 IAA 和 IBA 效果较好,二者既可以单独使用,也可以混合使用。

4) 试管苗移栽

当试管苗在生根培养基上生出 3～5 条根,根长在 1cm 左右,叶色深绿,展开叶片在 15 片时即可移栽,在移栽前需对试管苗进行炼苗。首先在培养室将培养瓶的瓶塞打开,炼苗 2～3d,再在温室内炼苗 2d 以上,而后取出生根的试管苗,洗去培养基,进行沙培 2～3 周,沙培可用洗净的河沙,沙培期间浇灌清水,前期用塑料膜保湿,空气相对湿度在 80%以上,后期通过间歇性放风使空气相对湿度逐渐降低到室内水平。并保持 15～20℃温度,前期用遮阴网遮阴,光照强度为 1000lx 左右,移栽 1 周后撤掉遮阳网,保持光照强度 2000～3000lx。待幼苗长出须根后,移栽于盛有腐殖土的营养钵中。继续保持沙培后期的条件,直到移栽的试管苗完全成活后再移至田间生长。

2. 梨树主要病毒及脱毒技术

(1) 梨树主要病毒

1) 梨环斑花叶病

梨环斑花叶病(pear ring pattern mosaic)病原为苹果褪绿叶斑病毒。栽培梨的国家几乎均有分布,罹病树枝条生长量减小,叶小,产量降低,病树易遭冻害。症状为:早春叶片出现模糊的透明斑,稍晚,斑点由白变为绿或黄色环斑,线纹,弧形斑,严重时叶片畸形、变小,叶缘波浪形;天热时叶片坏死,随后条纹和环斑中的坏死组织脱落,成熟果实上有时出现浅绿色或黑色环斑。

2) 梨脉黄病

梨脉黄病(pear vein yellow)也称梨红斑病,病原为苹果茎沟病毒。发病比较普遍,常使产量降低 10%～15%。其症状为:引起梨叶缘褪绿或沿叶片的二级、三级小叶脉出现斑驳。苗圃及幼树园症状明显。夏末或秋初,褪绿斑点部位沿叶脉往往出现红色斑驳。

3) 梨石质麻点病

梨石质麻点病(pear stony pit)是由苹果茎沟病毒的不同株系引起。分布较广,危害严重。症状为:落叶 10～20d 后果实表皮下出现暗绿色斑点,多呈环形排列。斑点部位的果肉生长受抑制,果实变畸形。有些还表现叶脉变黄和褪绿斑驳症状及树皮上有疱与脱皮溃疡症状。

（2）脱毒技术

1）热处理

先准备好盆栽一年生杜梨砧木，取待脱毒的梨品种接穗切接于砧木上，待萌动后，放入热处理箱内，将温度控制在 37℃±1℃进行恒温热处理 20～28d。也可进行变温热处理，即在 32℃和 38℃两种温度下，每隔 8h 换 1 次，处理 6d。

2）茎尖培养

从待脱毒梨品种接穗上，用无菌操作技术，在超净台上，借助解剖镜，切取 0.1～0.3mm 茎尖，将切取下的茎尖接种在准备好的培养基上培养，获得的无根苗长到 2cm 高时，进行脱毒效果鉴定。

3）茎尖培养与热处理相结合

与茎尖培养法一样，培养出无根试管苗后，将瓶苗放入 37℃±1℃，处理 28d，再切取 0.5mm 左右的茎尖进行培养；或先经过热处理，然后取 0.5mm 的茎尖进行培养。采用热处理法，可以脱除梨黄脉病毒、梨环纹花叶病毒和矮化病毒，其平均脱毒率为 52.1%，但较难脱除苹果茎沟病毒。采用茎尖培养，苹果茎沟病毒脱除率也只有 28.6%，而采用热处理与茎尖培养相结合的方法对苹果茎沟病毒的脱除率高达 90.6%。

3. 樱桃主要病毒及脱毒技术

（1）樱桃的主要病毒病

1）樱桃坏死环斑病

樱桃坏死环斑病（cherry necrotic ring spot）的病原为李属坏死环斑病毒，世界范围内均有分布，甜樱桃和酸樱桃上的症状相似。早春叶片上出现褪绿环斑，以后坏死，直至脱落，形成穿孔，个别叶片背面有耳突，有的树体衰弱并伴有主干或枝条流胶。

2）樱桃褪绿环斑病

樱桃褪绿环斑病（cherry chlorotic ring spot）病原为李矮化病毒，世界范围内广泛分布。春季在叶片上出现淡绿色或浅黄色环斑、斑点或条斑。该病毒在苗圃中可显著降低嫁接成活率，成活苗有的呈簇状矮化，生长不整齐。嫁接和花粉传播，是樱桃重要的病毒病。

3）樱桃小果病

樱桃小果病（cherry little cherry）由病毒引起，在世界范围内均有分布。樱桃被该病毒感染后，果实变小，着色浅，味道淡。叶片症状一般在 9 月表现明显，叶片的叶脉间出现红褐色或紫红色斑驳。病树生长减弱，重者植株死亡。

（2）热处理结合茎尖培养脱毒

热处理结合茎尖培养脱毒的操作可分为两大环节。首先要对预脱毒材料进行热处理，在此基础上利用热处理后的材料进行茎尖培养。热处理常用热箱处理法。具体方法是：在 27℃条件下，放入盆栽的樱桃，每天温度升高 1～2℃，直至 37℃，然后进行昼夜变温处理，即白天温度保持在 37℃，夜间下降至 10℃。20d 左右后，剥取微茎尖进行培养（培养方法同茎尖组织培养法），可得到较高比率的脱毒苗。

4. 葡萄病毒病类型与脱毒技术

葡萄病毒因其种类多、分布广、危害大，引起了全世界的关注，并于 1956 年成立了"国际葡萄病毒学会"，组织世界各国科学家联合研究。目前，葡萄病毒病尚无有效药物防治，主要是利用组织培养进行脱毒、繁殖，推行和建立无病毒良种繁育体系来解决。

（1）葡萄病毒病类型及危害

已报道和记载的葡萄病毒病和病毒种类在 30 种以上，但未经系统鉴定，可能有些是重复或同一病毒的不同株系。其中危害较大的有葡萄扇叶病毒、葡萄卷叶病毒、葡萄栓皮病毒和葡萄茎痘病毒。这 4 种病毒在我国均有发生。另据美国 Gobeen 对我国 10 个葡萄品种的检测结果发现，80％带有卷叶病毒，70％带有茎痘病毒，29％带有栓皮病毒，而扇叶病毒则几乎存在于所有的葡萄产区。目前国内外把这 4 种病毒病列为主要病毒病，脱除这 4 种病毒的葡萄苗称为无病毒苗木。

1）葡萄扇叶病

葡萄扇叶病（grapevine fan leaf）在世界范围内分布最广、危害最大。该病在我国发病普遍且日渐蔓延，以'巨峰'系为多。症状因病毒株系不同主要有 3 种表现。①扇叶。叶柄凹大而宽，主脉异常聚近，叶片呈扇状。此外，病叶也可扭曲，不对称，叶片皱缩，缘锯齿加深。枝蔓有时也畸变，双节、极短节、扁蔓。果穗果粒数减少，成熟不一。以早春症状最为明显。②黄色花叶。系该病毒变色株系。病株叶片早春出现黄色斑驳，6 月开始变成金黄色，此叶秋季时因日灼而变化，进而叶缘褐化焦枯。夏季新出叶片无症状，秋季新生叶片再度黄化。③镶脉。系该病毒镶脉株系，成熟叶片上沿主脉形成淡黄色或黄色带状斑驳，并向脉间延伸。开花时落花、落果严重，坐果少，产量低。土壤线虫传播该病毒。

2）葡萄卷叶病

葡萄卷叶病（grapevine leaf roll）发现较早，直至 1953 年才报道其是一种通过嫁接传染的病毒病，危害广泛，尤以酿酒品种为多。植株感病后叶片下卷，叶色变红（黑色品种）或变黄（白色品种），生长后期明显，果粒变小，减产 10％～70％，着色不良，糖分下降，品质变劣，成熟推迟。此外，嫁接成活率和生根率也降低，易受冻，故对葡萄危害甚大。我国也普遍发生，依品种不同，感病株率为 5％～75％。

3）葡萄栓皮病

葡萄栓皮病（grapevine corky bark）病株早春萌芽迟缓，春末至夏初叶变黄，逐渐反卷，叶色变红或变褐，叶片变小，新梢和老蔓膨大，呈枝裂症状，纵裂的树皮内木质部分布着凹凸不平的沟槽，并渐渐枯死。果实延迟成熟，品质显著下降。病株不能正常落叶，有时在霜降后枯叶仍留在植株上。该病通过嫁接和昆虫传播。

4）葡萄茎痘病

最初，意大利把葡萄茎痘病（grapevine stein pitting）描述为 legoo riccio。此后，以色列、美国、南非等国家也报道过此病。植株感染此病后长势衰弱，树皮粗糙、木栓化，木质部和树皮形成层分布着纵向突起及凹槽。嫁接愈合差，愈合部位膨大。植株春天发芽迟，枝蔓生长缓慢，树体矮小，产量下降。有些植株在栽植后数年内就衰退、死亡。

（2）葡萄病毒脱除

几乎所有的葡萄病毒均通过嫁接传播。故选育无病毒苗木，是防治葡萄病毒病的根本对策。

1）热处理脱毒法

热处理脱毒法是根据病毒和寄主细胞对高温的忍耐程度的差异，采用适当的温度和处理时间,使寄主体内的病毒浓度降低或失活,而寄主细胞则快速生长,最终导致寄主生长点附近的细胞不含有病毒,从而达到脱毒的自的。其技术过程包括:将待处理的葡萄接穗在萌芽前嫁接到盆栽的砧木上,当长出 3～5 片叶时,放在 35～38℃的恒温箱内处理 1～3 个月,然后切取 1.5～2.0cm 嫩梢,嫁接在盆栽砧木上,待嫁接成活后,移入田间正常管理。据日本学者试验,脱毒率仅为 26.2%。

2)茎尖培养法

茎尖培养脱毒的依据是病毒在感染植株上的分布是不一样的,幼嫩组织含量较低,生长点(0.1～1.0mm)含病毒很少或无病毒侵染,因此,利用植物组织培养技术,切取微茎尖进行培养,即可达到脱除病毒的目的。茎尖越小,去除病毒的机会越多,但外植体成活率越低。据研究,一般葡萄茎尖横茎控制在 0.3～0.4mm 时,其脱毒率才能达到 60%以上。具体做法是:在春季芽萌动后,把经过严格消毒的枝条在无菌条件下切取 0.2～0.5mm 并带有 2～3 片叶原基的茎尖接种在附加 1.5～2.0mg/L 6-BA 的 MS 培养基上培养,当条件适宜时,2 个月可形成芽丛,再切取茎段,转入生根培养基中即可成苗。在土壤中培养长成幼苗,经检测无病毒后即可作为原种母树,提供无病毒营养系砧木或优种繁殖材料,进一步扩大繁殖无毒苗后用于生产栽培。

3)热处理和茎尖培养结合

单纯的热处理与单纯的茎尖培养均不能完全脱除病毒,且条件要求高,操作困难。二者结合则效果良好。即将盆栽葡萄苗先行热处理再剥取茎尖培养,脱毒率可达 80%。也有剥取茎尖后,接种于培养瓶中,进行高温培养而获得无病毒苗。不同品种经热处理和茎尖剥离后分化再生差异很大,但均可获得正常植株。将预先脱毒的葡萄砧木或栽培品种的盆栽苗放在 25～28℃促其抽枝快长,待新梢长出 2～3 片叶后,温度升至 37～40℃,光照升至 4000～6000lx,相对湿度控制在 60%～80%,经过 30～35d 后,切取新梢顶端 0.1～1.0mm,接种在附加 2mg/L 6-BA 的 MS 分化培养基上培养,成苗后经检测无毒,即可大量繁殖应用。

4)茎尖微芽嫁接技术

葡萄先在温室内培养以促其生长,然后取其茎尖消毒,在灭菌的超净工作台中借助显微镜切取 0.14～0.16mm 的茎尖,嫁接在预先消毒且培养在暗室内试管中的砧木上,然后放入有滤纸桥的液体培养基中,罩上塑料罩或纸罩,温度控制在 25～28℃,光线由弱到强,并随时用 1/4MS 培养液滴灌,促其生长。这样培养出的无病毒母本经检测标记后,即可进入无病毒母本园和采穗圃,再经大量繁殖后便可提供无病毒繁殖材料。

5)抑制剂结合茎尖培养脱毒病毒

抑制剂能抑制病毒的发生,与茎尖培养结合能脱除植株体内的病毒。将 50～100μmol/L 的利巴韦林(病毒唑)加入到培养葡萄茎尖的 MS 培养基中,即使要取的茎尖稍大于 1.0mm,也可以获得较高的脱毒率。目前,这种方法在生产中的进一步应用还需要深入研究,以便找到更好的强力病毒抑制剂,广泛应用于生产脱毒苗。

目前,已经在生产中应用的葡萄脱毒技术基本有上述几种,各种技术均有其优缺点。热处理法对设备要求不高,技术简单,短时间可除去病毒;但高温仅对圆形或线形病毒有效果,而对杆状病毒不起作用,所以热处理不能除去所有的病毒,且热处理极易使材料受热枯死。茎尖微芽嫁接技术操作难度大,生产中应用较少。茎尖培养法能在短时间内获得较多的繁殖材料,繁殖速度较快,但脱毒率低,一般在60%左右。热处理与茎尖培养相结合脱毒法可以使两种技术的优势互补,达到同时脱除几种病毒的目的;且经热处理长出的绿枝可切取较大的茎尖接种培养,既方便了操作,易于分化出苗,又降低了变异率,故生产中采用得较多。病毒抑制剂与茎尖培养相结合的脱毒方法,可以较容易地脱除多种病毒,且茎尖切取时可稍大些,操作方便易出苗,但多数病毒抑制剂能诱发植株产生变异,此法处理获得的无毒苗需要等结果出来后确认没有发生劣变时,才能作为原种母树繁殖育苗,所以生产上应用的不多。

5. 草莓的脱毒快繁

草莓适应范围广,在世界各地均有栽培,草莓的产量在浆果中仅次于葡萄。我国栽培草莓始于1915年,进入20世纪80年代后,草莓生产发展迅猛,栽培面积和产量的增殖速度均在各种果树之首,已跃居世界第二位。然而因为病毒病的危害,使草莓的产量减少30%~80%。据2000年有关报道可知,我国因草莓病毒病造成的直接经济损失已在30亿元以上。在长江流域草莓植株严重退化的主要原因是由病毒引起的,大面积植株感染率达50%以上。防治草莓病毒病,提高草莓产量,主要是应用无毒苗。目前,美国、日本等草莓栽培业发达的国家,已在生产上全部使用无毒苗,要使我国的草莓生产稳步发展,生产、栽培无毒苗非常重要。

（1）草莓主要病毒病种类

1）草莓斑驳病（strawberry mottle）

草莓斑驳病的分布极广,世界各地有草莓栽培的地方,几乎都有。其症状是:该病毒单独侵染时,在栽培品种上不表现任何症状,但植株生长衰退,果实品质下降,一般减产20%~30%。若与其他病毒混合侵染,减产幅度更大。在林丛草莓上,弱毒株系侵染,病株叶片出现黄白色不整形褪绿斑驳;强毒株系侵染,病株矮化、叶片变小、扭曲、呈丛簇状、叶脉透明脉序混乱。该病多由蚜虫传播。

2）草莓镶脉病

草莓镶脉病（strawberry vein binding）又称草莓脉带病毒病。病原为草莓镶脉病毒,属花椰菜花叶病毒属成员,各国分布较多。其症状是:植株生长衰弱,匍匐茎量减少,产量和品质下降。与其他病毒复合侵染时,病株叶片皱缩、扭曲、植株极度矮化,有的表现有卷叶、镶脉和坏死。主要的传播途径为蚜虫传播。

3）草莓皱缩病

草莓皱缩病（strawberry crinkle）的病原为草莓皱缩病毒,属细胞质弹状病毒属成员。世界范围内广泛分布,危害最大,严重时植株生长势和产量下降,植株矮化。一般减产35%~40%。轻者匍匐茎数量减少,繁殖力下降,果实变小。其症状因品种而异,感病品种表现为叶片畸形,有褪绿斑或坏死斑,叶脉褪绿而透明。幼叶生长不对称,扭曲和皱缩,小叶黄化。叶柄缩短,叶片变小,植株矮化。在‘林丛’草莓等品种上则表现有褪绿斑,叶片大小不一,扭曲变形,叶柄上产生褐色或黑色坏死斑,花瓣上产生暗色条纹或黑色坏死条纹。主要的传播途径为蚜虫传播。

4）草莓轻型黄边病

草莓轻型黄边病（strawberry mild yellow edge）的病原为草莓轻型黄边病毒，属马铃薯 X 病毒属成员。世界上分布较广。该病很少单独侵染，常与斑驳、皱缩、镶脉病毒复合侵染，使草莓生长衰弱，产量和品质下降，重者减产 75％。其症状是：栽培品种上症状不明显，复合侵染时，引起黄化或边缘失绿或卷曲呈杯状、皱缩、扭曲。幼叶褪绿，老叶变红枯死。严重时全株死亡。主要传播途径为蚜虫传播。

（2）草莓脱毒

如果单独使用热处理或茎尖接种的方法，都存在一定的弊端。由于病毒的种类不同，对热处理的耐性也不同。已知草莓镶脉病毒在 37℃ 下，经过 10～24d，可发生钝化；草莓斑驳病毒在 37℃ 下，经过几周也可钝化。但有些病毒在 41℃ 下，经过 20d 的热处理也不能钝化。从钝化病毒的角度看，热处理的温度越高、时间越长，效果越好。但是，长时间的高温处理会对草莓植株造成伤害，使植株死亡或存活时间缩短，达不到获得无病毒苗的目的。通过茎尖培养的方法进行脱毒时，接种的茎尖分生组织应在 0.2～0.6mm，茎尖越小，脱毒率越高，但茎尖越小，剥离难度越大，茎尖成活率越低，茎尖分化时间越长。实践证明，将热处理法与茎尖组织培养法结合使用，脱毒效果最为理想。先对植株进行热处理，然后取热处理后植株长出的匍匐茎的茎尖进行组织培养，可获得较高的脱毒率。草莓脱毒时常用的热处理方法有两种。

1）常规恒温法或变温法

将盆栽草莓置于 38℃ 的恒温环境中或 38℃/37℃ 昼夜变温的环境中，处理 1～2 个月。用这种方法处理 12d，可以钝化草莓斑驳病毒，处理 50d，可以钝化草莓皱缩病毒。

2）根系保护恒温法或变温法

在栽培草莓的盆基部缠绕 2～3 圈乳胶管，将盆放入填充了珍珠岩的木箱中，处理温度为恒温 38℃ 或 39℃/18℃ 昼夜变温，处理时乳胶管内通自来水，以降低根系温度。

6. 香蕉脱毒及无病毒苗的工厂化生产

香蕉是常绿多年生的大型草本果树，广泛分布于南北纬 30° 以内的热带和亚热带地区，是世界性的主要鲜果之一。香蕉栽培品种多为三倍体，具不育性和单性结实能力，无性繁殖潜力大。自从 1960 年 Cox 等首先开始长梗蕉的胚培养以来，世界各香蕉生产国相继开展了多个领域的离体培养工作。1970 年，Smith 等报道了由大蕉茎尖培养获得不定芽和腋芽的增殖；1974 年，Berg 和 Lloyd 等用热处理的香蕉茎尖分生组织培养获得了无病毒试管苗；自此以后至 20 世纪 90 年代，国内外有大量有关香蕉茎尖培养、花序轴培养用于快速繁殖及脱毒苗生产的报道，并大量用于实际生产。

香蕉离体繁殖的技术程序不复杂，设备投资不大，且繁殖的速度相当快；香蕉的试管苗，应是无病毒种原培育的试管苗或者通过茎尖培养脱除病毒后再进行大量繁殖。因此，世界各香蕉主产国均应用试管育苗。我国的福建、广西、广东等地的多数香蕉园也已种植试管苗。在果树的应用中，香蕉是迄今无病毒试管苗应用得最为成功的水果种类之一。

（1）香蕉无病毒苗工厂化生产的意义

我国香蕉的主要病害是香蕉束顶病和花叶心腐病，尤其是香蕉束顶病，已经成为严重阻碍香蕉生产发展的毁灭性病害。香蕉束顶病使感病植株矮缩，不开花结果，或结果少而小，无商品价值，造成巨大损失。此病在我国各香蕉主产区都有发生，发病较严重的果园发病率可达 10％～30％，甚至 50％～80％。花叶心腐病使病株矮缩甚至死亡，或生长弱，不能结实，对香蕉生产也造成了巨大损失。这两种病都是由病毒引起的。香蕉束顶病的病原是香蕉束顶病毒，香蕉花叶心腐病的病原是黄瓜花叶病毒的一个株系。由于香蕉传统的无性方式的吸芽繁殖，病毒传播累积严重，尤其是老产区，发病率非常高。自 20 世纪 80 年代以来，利用离体茎尖培养脱毒（或无病毒）香蕉试管苗技术应用于生产，因为无病毒试管苗病害少，生长整齐一致、种质纯，可以使香蕉的产量比传统繁殖苗增产 30％～50％。工厂化大量生产无病苗，还有利于优良品种（系）的迅速推广。在灾害性年等特殊情况下（如 1991～1992 年的大冻害），可以通过工厂化生产试管苗迅速提供大量香蕉苗，恢复生产。香蕉试管苗的增殖速度很快，从理论上计算，一个香蕉的芽苗在一年内可以扩增到 4^{18} 个芽苗，可知其快速繁殖的潜力。现在香蕉无病毒试管苗已在我国的主要香蕉产区得到推广应用，并深受广大蕉农的接受和欢迎。香蕉试管苗的工厂化生产及其应用，使我国的香蕉生产方式发生了革命性变化。现在许多产区是将香蕉种植 2 年左右全部砍除，重新种植无病毒的试管苗，大大减轻了病毒苗的危害。香蕉是我国离体快速繁殖应用最为成功的植物，香蕉试管苗的工厂化生产已形成一门新兴的高新生物技术产业。

（2）香蕉无病毒苗工厂化生产体系

最常用的茎尖培养脱毒的试管苗工厂化生产体系，包括茎尖培养脱毒处理技术程序与工厂化扩繁体系，在某些情况下可将两个体系置于不同地方，特别是后者可置于技术力量相对薄弱的推广应用部门。

1）茎尖培养脱毒处理技术程序

茎尖培养脱毒处理技术过程最好在设备技术条件比较好的实验室完成。一般是选择无病区的健康植株，最好吸芽经热处理后，剥取茎尖分生组织进行培养或先建立无菌株系，再进行热处理及分离茎尖分生组织培养。对培养出的芽苗或完整苗需进行无病毒苗鉴定及其后代农艺性状鉴定，然后把生长正常、无病毒的健康苗作为原种，用于下一步的扩大繁殖。具体如下：①挖取健康吸芽进行茎尖分生组织（0.2～0.5cm 以下）培养，一般可获得无束顶病苗；②将吸芽移至盆里进行热处理（38～40℃，15d 左右），再取茎尖分生组织进行培养，可同时去除花叶心腐病和束顶病的病毒；或先建立无菌株系，进行热处理再分离茎尖分生组织培养；③在①、②的基础上，培养过程中再进行高温处理或再次取茎尖培养，可以更彻底地脱除病毒；④经鉴定确实去除了有关病毒的无病毒试管苗，可进一步增殖芽苗，并进行后代农艺性状鉴定，选出优质无病毒的无性系作为原种，进行良种快速繁殖。

2）香蕉无病毒（试管）苗工厂化扩繁程序

香蕉无病毒（试管）苗工厂化扩繁包括将无病毒试管苗原种进一步扩大繁殖，直至试管苗出圃以供给用户种植的过程。在扩大繁殖过程中，对用于进一步增殖的芽苗，应选生长健壮、形态正常者，以提高继代增殖芽苗的质量，防止劣质苗的"放大"。香蕉由于是长期无性繁殖的作物,其试管苗表现出一定程度的变异性。一般都是将无病毒原种继代增殖到一定代数后,就不再作为增殖芽苗,而重新从无病母本园植株取茎尖培养进行扩繁。这样就不会出现试管苗因变异而变劣的问题。

3) 香蕉试管苗工厂化生产中应注意的几个问题

i. 病毒性病害的去除与控制

做好香蕉束顶病和花叶心腐病这两种危害性最大的病害的病毒检疫工作,是香蕉试管苗生产中首先要解决的问题。根据我国目前香蕉试管苗的生产情况,必须注意以下几点:①从无病区(或母本园)采集吸芽;②采取脱毒处理,并且要抽送部分样品到有关设备技术条件较好的单位做病毒检测,或者由专门的指定单位生产无病毒原原种;③发现可疑症状,应立即检测鉴定;④政府有关部门应对试管苗厂家进行严格管理,防止有病毒苗扩散;⑤经脱毒后的试管苗仍有重新感染病毒病的可能,所有移植苗圃应有严格的隔离措施(如防蚜网),田间种植的无病毒植株也会重新染上病毒病,因而必须及时毁除任何出现的病株,重新种植无病毒苗。

ii. 注意品种选择

香蕉试管苗工厂化生产繁殖速度快,出苗量数以万计,因此必须慎重选择繁殖材料品种,否则会造成试管苗厂家或果农的巨大损失。一般可作两方面考虑:①选择本地区产量高、抗逆性好的优良品种;②从外地或国外引入的良种,必须慎重考虑,要先有试种经验才能繁殖推广。

iii. 防止外植体褐变

有的香蕉材料很容易变褐,严重的甚至接种后会使培养基变褐,影响生长、分化,成为香蕉组培中的一大障碍。采用以下措施有一定的抑制褐变效果:①选择处于旺盛生长状态的外植体;②适当降低培养基中无机盐浓度、蔗糖浓度,以及选择适当的激素水平;③接种后 1~4d 在黑暗或弱光(150lx 左右)下培养,以抑制酚类物质氧化,减少褐变;④在培养基中加入适量的 VC、PVP、硫代硫酸钠等抗氧化剂,以及活性炭等吸附剂;⑤对于特别易褐变的材料,采取连续转移的办法,可以减轻醌类物质对外植体的毒害,控制褐变。

iv. 降低污染率,减少劣质苗

能否有效地防止污染,把污染率控制在 5% 以内,是试管苗工厂化生产能否成功的重要一关。污染通常有细菌污染和真菌污染两种。①细菌污染:是指在培养过程中,在培养基表面或材料附近出现黏液状物、菌落,或混浊水渍状,有时甚至出现泡沫发酵状,以芽孢杆菌最为普遍。有些细菌污染在表面上难以用肉眼观察到,特别是培养基出现变色,或可观察到的特征出现较迟,尤其是细菌污染后使培养基变色,而其颜色与酚类物质氧化变褐颜色相近时,难以辨认出来,但此时可能会出现芽苗长不高或叶片抽不出来等异常形态。防止细菌污染应注意如下几点:第一,灭菌后的培养基应放在培养基贮放室或培养室观察 2~3d,确认培养基表面无任何细菌痕迹才能使用;第二,工作人员操作前应用肥皂水洗净双手(或戴上橡皮手套),再用 70% 乙醇擦拭,操作时必须穿工作服、戴工作帽及口罩,严禁谈话,使用的工具必须使用一次消毒一次;第三,继代培养的材料应严格检查和挑选,特别要注意特征不太明显的细菌污染材料;有问题的材料一律不要再作繁殖,但有时可稍处理后进行生根成苗。②真菌污染:真菌污染容易辨认,一般接种或转接后 5~7d 就可发现菌丝,继而出现黑、白、黄、绿等孢子。真菌污染多数是由空气中的灰尘或真菌孢子落入器皿中造成的。要求严格按无菌操作规则进行操作和对接种室进行定期消毒。从外地引入的试管苗,由于途中运输,瓶口周围往往积有灰尘和真菌孢子,应将瓶口及瓶子周围用酒精棉球仔细擦拭两次。此外,防止污染,还要求培养基及器皿灭菌完全彻底。

　　v. 抓好试管芽苗的增殖与继代培养

　　如何加快试管苗的增殖并不断继代培养,同时又能保持其遗传稳定性,是试管苗工厂化生产成功的关键。①选择最佳培养基:基本培养基的种类、无机及有机成分、糖浓度、琼脂用量,特别是生长调节剂的种类和浓度都影响香蕉试管苗的分化和增殖。不同的香蕉品种间也存在一定的差异,必须通过试验摸索出最佳的增殖培养基,既保持一定的增殖倍数,又能保证芽苗的质量。此外,生长调节剂浓度不宜太高,否则会影响品种的遗传稳定性。②调节光照:光照对试管苗的增殖有明显的影响。对刚转移继代的芽(块)苗采用7~14d暗培养或弱光培养,有利于芽的分化、增殖,而其后则应加强光照(2000~4000lx,12h/d)以促进芽苗健壮生长。

第五章　果树的性细胞培养及倍性育种

第一节　果树的花药培养

所谓单倍体,是指具有配子体染色体数的个体或组织,即体细胞染色体数为 n。由于物种的倍性不同,可以把单倍体分为两类,一类是一倍单倍体,这类单倍体起源于二倍体;另一类是多倍单倍体,这类单倍体起源于多倍体(如:$4x$、$6x$),典型的单倍体只能是多倍单倍体植物,一倍单倍体只有在加倍后形成双倍体后才能存活下来。单倍体培养包括花药培养、花粉(小孢子)培养及卵细胞培养,其中花药和花粉(小孢子)培养是体外诱导单倍体的主要途径。尽管花药和花粉(小孢子)培养的目的都是获得单倍体,但是从严格的组织培养角度讲,花药和花粉(小孢子)培养有着不同的含义,花药培养属于器官培养的范畴,而花粉(小孢子)培养与单细胞培养类似,属于细胞培养的范畴。

由于在单倍体细胞中只有 1 个染色体组,表现型和基因型一致,一旦发生突变,无论是显性还是隐性,在当代就可表现出来,因此单倍体是体细胞遗传研究和突变育种的理想材料。在品种间杂交育种程序中,通过 F_1 代花药培养得到单倍体植株后,经染色体加倍立即成为纯合二倍体,从杂交到获得不分离的杂种后代单株只需要 2 个世代,和常规育种方法相比,显著缩短了育种年限。花药/小孢子培养还可以排除杂种优势对后代选择的干扰和用于消除致死基因。除此之外,单倍体材料也是研究遗传转化的良好实验材料体系和受体材料。单倍体的这些重要意义虽然早已为人所知,然而,在自然界单倍体出现的频率极低,只有 0.001%～0.01%,因此以前它们并未得到广泛的利用。自 20 世纪 60 年代中期 Guha 和 Maheshwari(1964;1966)首次报道由毛曼陀罗花药培养获得了大量花粉起源的单倍体植株以后,立即引起了遗传育种工作者的极大兴趣,随后包括中国在内的很多国家广泛开展了花药培养的研究。花药培养被育种学家认为是缩短育种周期、提高选择效率、获得遗传材料和有用突变体的一个重要途径。

一、花药培养的一般程序

1. 取材

花药在接种以前,应预先用醋酸洋红压片法进行镜检,以确定花粉的发育时期,并找出花粉发育时期与花蕾或幼穗的大小、颜色等外部特征之间的对应关系。一般而言,单核后期花药对培养反应较好。因此,人们可以将植物的外观特征与花粉发育时期对应起来,根据植物的外观特征选择合适时期的花药进行培养。但值得注意的是,这种相关性绝不是一成不变的,而是因品种和气候的不同而异。因此,在每次实验时都应通过镜检确定花粉发育的准确时期。

2. 预处理

适当的预处理可以显著提高花药的愈伤组织诱导率。常用的预处理方法是低温冷藏,具体的处理温度和时间长度因物种而异。

3. 消毒

花药适宜培养时,花蕾尚未开放,花药在花被或颖片的严密包被之中,本身处于无菌状态,因此,通常只要以 70％乙醇喷洒或擦拭花器表面,即可达到灭菌要求。如果花蕾已经开放,可采用 0.1％的升汞和 70％的乙醇进行表面消毒,具体时间根据材料而定。

4. 接种

在无菌条件下把雄蕊上的花药轻轻地从花丝上摘下,水平地放在培养基上进行培养。注意在整个操作过程中不应使花药受到损伤,因为机械损伤常常会刺激花药壁形成二倍体愈伤组织,所以花药一旦受到损伤,则应立即淘汰。

如果接种的材料是花器很小的植物,则需借助体视显微镜夹取花药,或是只把花被去掉,把花蕾的其余部分连同其中原封未动的雄蕊一起接种在培养基上。在有些情况下,甚至是接种整个花序以得到花粉单倍体。然而这种简单化的方法只适用于这样一些基因型,即其中雄核发育在只含无机盐、维生素和糖的简单培养基上,且在这种培养基上孢子体组织增殖的机会很少。当必须使用生长素才能诱导花粉粒雄核发育的时候,应当尽可能把孢子体组织去掉。

另外,花药对离体培养的反应存在"密度效应",因此每个容器中接种的花药数量不宜太少,以形成一个合理的群体密度。

5. 培养方式和培养条件

不同物种进行培养所需的营养成分是不一样的,其对基本培养基的要求也是不一样的,但是以 MS 培养基使用最为普遍,以后又逐渐研究出了专门培养植物花药的培养基,如 H、N_6、B_5 等。蔗糖在培养基中普遍存在,它在花药诱导培养阶段的作用主要是提供碳源和维持适宜的渗透压,抑制花药壁的分裂而促进花粉细胞的分裂。蔗糖的用量一般为2％～4％。在花药培养过程中主要使用的激素是生长素和细胞分裂素,要注意适当调节培养基中它们的比例,从而控制花药、花粉的发育途径和倍性。

初期的花药培养工作都用加有琼脂固化的培养基,后来发现固体培养效果并不理想,因此发展出液体培养、双层培养、分步培养和条件培养等多种培养方式。

在液体培养中,特别容易造成培养物的通气不良,进而影响愈伤组织的分化能力。针对这一问题,在培养基中加入 30％的 Ficoll,可增加培养基的密度和浮力,使培养物浮出水面,处于良好的通气状态。但是 Ficoll 的价格相对较高,大量培养花药时成本昂贵。双层培养的优点是花药在培养早期可以从活性高的液体培养基中吸取营养,花粉胚长大后又不会沉没,可以在通气良好的条件下分化成植株。双层培养基的制作方法如下,首先在35mm×10mm 的小培养皿中铺加 1～1.5ml 琼脂培养基,待固化之后,在其表面再加入0.5ml 液体培养基。双层培养基制作简便、效果明显。将花药接种在液体培养基(含Ficoll)上进行漂浮培养时,花粉可以从花药中自然释放出来,散落在液体培养基中,然后及时用吸管将花粉从液体培养基中取出,植板于琼脂培养基上,使其处于良好的通气环境中,可使花粉植株的诱导率大大提高。所谓"条件培养基",是指预先培养过花药的液体培养基。用这种条件培养基再次来进行花药培养,则可使花药培养效率大大提高。而且已经证明,条件培养基不存在种的特异性,如培养过小麦花药的培养基对大麦同样也有好的效应。

离体花药的培养条件主要包括温度、湿度和光照。因为培养花药的容器内相对湿度几乎是100%，而且不用调节，所以主要是调控培养温度和光照。

离体培养的花药对温度比较敏感，早期的工作多数在25～28℃条件下进行花药培养，现在发现有不少植物的花药在较高的温度下培养效果更好，特别是最初几天经历一段高温培养出愈率会明显提高。例如，在开始培养的2～3周，将温度提高到30℃以上，可大幅度提高油菜花粉胚的生成率。相比之下，在愈伤组织分化时期对温度的要求研究不多，一般认为，分化阶段对温度的要求并不像愈伤组织诱导时期那样严格。

不同的植物对光照的反应是不一样的。一般认为先弱光照后强光照有利于花药培养，即愈伤组织阶段暗培养或弱光培养，分化阶段再给以强光照。这样不但减少了愈伤组织老化率，还提高了绿苗分化率。

6. 单倍体植株的染色体加倍

单倍体植株通常情况下表现为植株矮小，生长瘦弱，因为染色体在减数分裂时不能正常配对，所以表现为高度不育。对单倍体进行加倍处理，使其成为双单倍体，是稳定其遗传行为和为育种服务的必要措施。单倍体的加倍方法有自发加倍和诱发加倍两种。在培养过程中，不同发育阶段的单倍体细胞可以自发加倍，但通常情况下，自然加倍率很低。为了得到更多的纯合二倍体，有必要通过人工方法，使单倍体植株的染色体加倍，成为纯合二倍体。

秋水仙素处理是诱导染色体加倍的传统方法，因为单倍体植株的产生经历离体培养、植株诱导与生长发育等多个时期，所以，诱导花粉植株加倍可在各个时期实施。以烟草为例，具体做法是：把幼小的花粉植株浸入过滤灭菌的0.4%秋水仙素溶液中96h，然后转移到培养基上使其进一步生长。秋水仙素的处理也可通过羊毛脂进行，即把含有秋水仙素的羊毛脂涂于上部叶片的腋芽上，然后将主茎的顶芽去掉，以刺激侧芽长成二倍体的可育枝条。

秋水仙素可以使细胞加倍，但它同时又是一种诱变剂可以造成染色体和基因的不稳定，也很易使细胞多倍化，出现混倍体和嵌合植株。为解决这一问题，需要让处理植株经过一到几个生活周期，并加以选择，才能获得正常加倍的纯合植株。一些研究人员认为，用秋水仙素处理单个单倍体细胞，如果处理的时间很短，可以降低混倍体和嵌合体的频率。

二、影响花药培养的因素

1. 基因型

现在已从120余种被子植物的花药中培养出花粉植株，对培养有反应的物种集中在茄科的烟草属和曼陀罗属，十字花科的芸薹属，以及禾本科的许多属。一些木本植物，如杨属的一些种，三叶橡胶和四季橘的花药培养也获得成功。虽然有些科属的植物容易产生花粉植株，但总的说来，花药培养的难易和供体植物的系统地位并无必然的联系。以茄科为例，烟草属极易诱导花粉植株，而同科的泡囊草属则不易诱导。在烟草属内，大部分种很容易产生花粉植株，但是郎氏烟草的花粉植株诱导率却非常低。同一物种的不同亚种乃至品种在诱导率上也表现极大的差异。花药中小孢子产生植株的能力被称为花药培养力,已有证据表明花药培养力与一些基因的表达有关,但是基因调控的背景比较复杂。

2. 药壁因子

大量实验表明,花药壁在花粉胚发育过程中有着重要作用。将烟草一个种的花粉转移到其他品系的花药中进行培养,花粉仍能顺利地发育成胚。这说明花药壁对花粉发育有着看护作用,这便有了"药壁因子"一说。随后又有花药对同一物种及不同物种离体花粉雄核发育看护作用的报道。人们利用花药的看护作用成功地对许多品种的离体花粉进行培养,并育成了单倍体。花药提取液也能刺激花粉胚的形成。有实验表明,培育过花药的培养基可显著地促进花粉胚的形成或产生更多愈伤组织。

3. 小孢子或花粉粒发育时期

花粉的发育时期是影响花粉培养效果的重要因素。被子植物的花粉历经四分体时期、单核期(小孢子阶段)、双核期和三核期(雄配子体阶段),单核期又可细分为单核早期、单核中期和单核晚期。花粉培养的最适发育阶段因物种而不同。就多数植物而言,单核中期至晚期的花粉最容易形成花粉胚或花粉愈伤组织。

4. 花蕾和花药的预处理

为了提高花药培养和游离小孢子培养的成功率,需要在接种前对试验材料(花序、花蕾、花药或小孢子)进行低温、高温等各种预处理。

除温度处理以外,其他一些因素的预处理有时也能收效,如用激素处理供体植株可以提高土豆花药单倍体的形成能力。用甲磺酸乙酯、乙醇、射线、降低气压、高低渗处理进行预处理的也有报道。

5. 供体植株的生理状态

供体植株的生理年龄及其所处的生长条件也能影响花药对离体培养的反应。一般来说,幼年植株的花药形成孢子体的频率较高,开花初期采集的花蕾比花后期采集的更佳。

供体植株的生长条件对培养效果也有重要影响,有时只有在控温、一定光周期和光强的环境条件下,花药才有反应。环境条件对于不同的植物物种有很大不同,所以没有一个固定的环境控制模式。

6. 培养基和培养密度

基本培养基的组成对花药和游离小孢子培养成功率有明显的影响。早期的花药培养大多沿用已有的植物组织培养基,如 Nitsch 培养基、Miller 培养基和 MS 培养基。后来研制出专门用于各类植物的花药培养基。如适合于烟草花药培养的 H 培养基(Bourgin and Nitsch,1967)。朱至清等(1975)提出的 N_6 培养基已被广泛地用来培养水稻、小麦、小黑麦、黑麦、玉米和甘蔗等禾谷类作物的花药,其效果明显优于 MS 等原有的培养基,特别有利于花粉胚状体的形成。

花药培养时往往需要一定的渗透压,有的要求低浓度的蔗糖(2%～4%),有的要求高浓度的蔗糖(8%～12%)。

培养基中激素的种类、使用量和配比,对诱导花粉细胞的增殖和发育起着重要的作用。取决于植物种类的不同,花药在离体培养中对激素的要求有两种不同的情况:①在烟草、曼陀罗、矮牵牛等植物中,雄核发育的途径是直接形成花粉胚,在这些植物中,一般不需要激素,在基本培养基上即可产生单倍体植株,在有些情况下,甚至连维生素都不需要,也能再生出单倍体植株;②在大多数已知能进行雄核发育的非茄科植物中,花粉粒首先形成愈伤组织,然后在同一种培养基或略作改动的培养基中,由愈伤组织分化出植株。在这些植物中,为了诱导花药进行雄核发育,必须加入一种或多种激素及水解酪蛋白、酵母浸出液、椰子汁等其他有机附加物。

培养密度是离体花粉培养的另一个非常重要的因子。培养密度的影响因不同品种、不同花粉胚诱导率而不一样。

三、主要果树的花药培养

1. 苹果花药培养

（1）取材与消毒

用于苹果花药培养的外植体是从生长健壮的苹果树上取材。春季花芽开放后,有4～5叶全部展开,但花序未分离,中心花蕾开始露红,这时采取花蕾,用醋酸洋红压片法镜检花粉发育期,在花粉发育的单核靠边期接种为好。接种前将适期花蕾用自来水冲洗15min,在超净工作台上,用75%的乙醇处理20s,再用饱和的次氯酸钙上清液灭菌10～15min,然后用无菌水冲洗3次,在无菌条件下接种在培养基上。

（2）培养基

用于苹果花药培养的基本培养基可以选用MS,培养基中植物激素的添加,因培养目的、再生途径和品种的不同而不同。一般情况下,诱导胚状体的培养基中生长素2,4-D、IAA、NAA,细胞分裂素用KT、6-BA;而用于试管苗分化的培养基中添加GA$_3$、生物素有助于试管苗的伸长和发枝。另外,苹果的花药培养,培养基中加入水解乳蛋白对愈伤组织的形成、再生植株的生长和发根都有一定的帮助。

（3）染色体鉴定

在对苹果花药培养再生植株的染色体进行倍性鉴定时,可以采用根尖压片法观察染色体,镜检染色体数目。镜检的结果一般是一部分植株具有较多的单倍体细胞和少数的非整倍体细胞,一部分植株具有较多的非整倍体细胞和少数单倍体细胞。

2. 葡萄花药培养

（1）材料与消毒

材料可用一直生长的温室自然光照下的植株,或从田间植株上剪取花穗,先用自来水冲洗,以后在70%乙醇中浸15s,再在漂白粉澄清液中消毒7min,无菌水冲洗3次后接种;用1%次氯酸钠消毒10min,然后蒸馏水冲洗5次。花粉的发育时期最好是四分体到单核靠边期:该期的外部标志为花穗上密集的小花刚开始分离,而花穗上退化叶叶尖未变褐时,小花花冠和花托长度比为(2～4):1,花冠、花药呈绿色或白绿色时,消毒后在无菌条件下剥取花药,进行接种。

（2）培养基

基本培养基用Nitsch等。分化培养基用B$_5$、改良B$_5$或MS培养基。

Nitsch培养基附加激素NAA 2.0mg/L ＋ KT 1.5mg/L,可获得愈伤组织。Nitsch培养基附加2,4-D 0.1～1.0mg/L ＋ 6-BA 0.5mg/L,可诱导花药胚状体,并再生植株。

蔗糖浓度为 3%,pH5.7。

另外,诱导培养基可用改良 B_5 + 6-BA 2.0mg/L + 2,4-D 0.5mg/L + 蔗糖 3%,琼脂 0.6%;分化培养基为改良 B_5 + 6-BA 4.0mg/L + NAA 0.2mg/L + 蔗糖 2% + 琼脂 0.6%。成苗培养基为 MS+6-BA 0.1mg/L + NAA 0.1mg/L + 蔗糖 1%~2%+琼脂 0.4%,pH6.0。

（3）培养条件与分化

花药接种后,应放置在黑暗无光的恒温箱中,湿度为 28%,放置 1 个月。1 个月后,可见到愈伤组织形成,愈伤组织开始分化时,先在表面产生半透明的胶状物,即胚状体,又分化少数肉质芽,胚状体长至 3~5mm 时,转入成苗培养基,连续光照数昼夜变绿,逐渐长成植株,肉质芽剥离培养也长成植株;愈伤组织形成后,将培养瓶置于暗室内培养 6 个月,可看到花药愈伤组织有枝条和根的分化,这时枝条为白色。然后把有枝条和根的培养瓶移到 20℃的恒温室或箱内,并给以 5000lx 连续光照,一星期后再转移到有正常日光的地方,此时试管内的叶片逐渐转绿。试验表明,Nitsch 培养基加萘乙酸和细胞分裂素比较适合花药愈伤组织培养。枝条和根的分化需要经历一个 4℃的低温阶段,而 GA_3 可促进之,但也有不经低温能够成株的。

（4）花粉或花药植株的移栽

可预先去掉瓶塞,自然条件下锻炼 3~5d 后,取出洗净培养基,放入清水中或蛭石中锻炼 5~7d,逐渐降低温度,增强光照,在 25~28℃条件下,转入土中即可。

3. 草莓的花药培养

草莓的花药培养不仅可以通过愈伤组织诱导形成再生植株,成为草莓脱毒苗快速繁殖的一条途径,同时还可以进行草莓单倍体育种。因此,草莓的花药培养具有较高的研究和应用价值。

（1）材料与消毒

草莓的染色体数 $2n=28$,用醋酸洋红压片法镜检,选择花粉发育到单核期的花蕾,将其放入培养皿内,置于 4℃冰箱中预处理 3~4d。然后将花蕾在 70%乙醇中浸泡 30s,取出后,用新配制的 10%漂白粉上清液消毒 10min,用无菌水冲洗 3 次,在超净工作台上剥取花药,剔除花丝后立即接种到分化培养基上。

（2）培养基

草莓花药培养的基本培养基用 MS、B_5 较好,初代培养基中需添加一定浓度的生长素和细胞分裂素,生长素一般用浓度在 0.5~2.0mg/L 的 2,4-D,或浓度在 0.2~1.0mg/L 的 NAA、IAA 或 IBA,草莓的花药均能产生愈伤组织。将在初代培养基上生长的淡绿色愈伤组织转接到分化培养基上,使其分化成小植株。分化培养基以 MS 为基本培养基,培养基中的生长素用 0.2~1.0mg/L 的 IBA 或 NAA 或 IAA 均可,细胞分裂素多用 1.0~3.0mg/L 的 6-BA。花药愈伤组织继代培养的研究中,外源激素种类不同,愈伤组织的色泽、形态也不同,不定芽的直接发生率也有差异。当以含 1.0mg/L 6-BA、ZT、KT 的培养基为继代培养基时,愈伤组织的颜色多为黄绿色或淡黄色,少数愈伤组织表面局部表现为淡红色或灰白色,质地松软,不定芽的发生率较低,而且,随着继代次数的增加和培养时间的延长,愈伤组织会逐步褐化。在含 1.0mg/L CPPU(2-氯-4-吡啶基苯脲)的继代培养基上,愈伤组织呈淡绿色,质地致密,表面颗粒状,随着继代次数的增加和培养时间的延长,愈伤组织的色泽、形态等的变化较小。草莓的花药培养,在相同的继代培养基上,经过不同的继代次数,愈伤组织直接发生不定芽及在同一分化培养基上的分化状况也不尽相同。多数草莓品种其花药培养产生的愈伤组织,随着继代次数的增加,由愈伤组织直接产生不定芽的发生率逐渐下降。近年来,$AgNO_3$ 在植物组织培养中得到较多的应用,由于 $AgNO_3$ 作为乙烯合成的抑制剂,可以有效地防止植物细胞在离体培养过程中因乙烯的积累对外植体生长和不定芽分化的影响,可以提高植株的再生频率。在草莓的花药培养中添加 $AgNO_3$ 可以使愈伤组织的不定芽发生率显著提高,$AgNO_3$ 的使用浓度为 5～15mg/L。

4. 柑橘的花药培养

（1）柑橘花药培养的意义

柑橘花药培养可以诱导花粉发育,形成单倍体植株,通过染色体加倍迅速而简便地获得纯系。柑橘花粉单倍体的染色体组,不存在显隐性的基因位点关系,因此,柑橘花粉单倍体是研究柑橘遗传规律的良好试验体系。同时,花药培养还可以用于诱导胚性愈伤组织。

（2）花药培养的方法

1）花药的选择与处理

从田间选取健康树上的花蕾,发育期为单核靠边期,在低温下（3～4℃）处理 5～10d。在无菌条件下经消毒后,取出花药,除去花丝,将花药平放于培养基上,置于 20～25℃ 的培养室中培养。

2）诱导胚状体

四季橘花药诱导培养基为 N_6＋6-BA 1.0mg/L ＋ 2,4-D 0.05mg/L＋蔗糖 5%～10% 的琼脂培养基。枳壳花药培养用 MS＋IAA 0.02mg/L ＋ KT 0.2～2.0mg/L,并适当提高蔗糖浓度。培养 20～30d 后,可以看到少数花粉粒进行第一次有丝分裂,形成二核或四核花粉细胞;培养 40～60d 时,可见形成少数花粉胚状体;培养 80～100d 时,花药中可见到大小不同的细胞团或胚状体。

3）胚状体萌发再生植株

将形成的花粉胚状体转接入 N_6 ＋ IBA 0.1～0.2mg/L ＋ IAA 0.1mg/L ＋ LH 500mg/L ＋蔗糖 5%～10%,在 20～25℃ 光照条件下培养,部分胚状体形成小植株。

（3）影响花药培养的因素

1）柑橘花药材料的选择

柑橘花药培养的效果因基因型不同而有显著差异,目前只有苏柑、四季橘、枳壳和宜昌橙等杂种获得成功。同时,不同发育时期的花药对其离体培养也有很大的影响,一般初花期花蕾中的花药比末花期较易培养成功。

2）培养基

培养基对柑橘花药离体培养的影响主要是其中附加物的效应。有研究表明,当 6-BA 与 2,4-D 配合使用并且为合适的浓度时,有利于花粉胚的发育,如当 6-BA 浓度为 1.0～4.0mg/L 而 2,4-D 浓度为 0.05～0.20mg/L 时;但是当 2,4-D 浓度超过 1.0mg/L 时,则促进愈伤组织形成,无胚状体出现。

3) 温度

温度是影响柑橘花药培养成功的关键因素。有研究表明,四季橘花药在 20~25℃光照培养条件下出现胚状体,当温度超过 26℃时,则不能形成胚状体。

第二节　果树的花粉培养

花粉培养是指把花粉从花药中分离出来,以单个花粉粒作为外植体进行的离体培养技术。花粉(小孢子)培养与花药培养相比的优势在于:①花粉已是单倍体细胞,诱发后经愈伤组织或胚状体发育成的小植株都是单倍体植株或双单倍体,不含有因药壁、花丝、药隔等体细胞组织的干扰而形成的体细胞植株;②由于起始材料是小孢子,获得的材料总是纯合的,不管它是二倍体还是三倍体;③小孢子培养可观察到由单个细胞开始雄核发育的全过程,是一个很好的遗传与发育研究的材料体系;④花粉能均匀地接触化学的和物理的诱变因素,因此,花粉也是研究吸收、转化和诱变的理想材料。

一、分离花粉的方法

1. 自然释放法

将花蕾进行表面消毒后,无菌条件下取出花药,放在固体或液体培养基上培养,花药会自然开裂,将花粉散落在培养基上。然后将花药壁等去除,即可进行花粉培养。这种方法在油菜和几种禾本科植物中有所应用。

2. 研磨过滤收集法

研磨过滤收集法是将花蕾表面消毒后,放入含培养基或分离液的无菌研磨器中研磨,使花粉(小孢子)释放出来,然后通过一定孔径的网筛过滤、离心,收集花粉并用培养基或分离液洗涤,然后用培养基将花粉调整到理想的接种密度,移入培养皿进行培养。

3. 剖裂释放法

剖裂释放这一技术需要借助一定工具剖裂花药壁,使花粉释放出来,而不是自然释放。这种方法最早在烟草里尝试。显然,这种方法比自然释放法费时。

二、花粉培养方法

1. 液体浅层培养

液体浅层培养这一方法类似于原生质体培养,分离的小孢子经洗涤纯化后,调整到所需浓度,根据培养皿的大小,适量加入培养皿内进行培养。待愈伤组织或胚状体形成后转移到分化培养基或胚发育的培养基上使其生长。

2. 平板培养法

平板培养法是根据接种密度的需求,将分离的花粉(小孢子)用液体培养基稀释或离心浓缩到最终接种密度的 2 倍,把含 0.6%~1.0%琼脂的培养基用固体培养基加热熔化后,冷却到 35℃,置于恒温水浴锅中保持这个温度不变。然后将这种培养基与花粉(小孢子)培养液等量混合,迅速注入并使之铺展在培养皿内。在这个过程中要做到:当培养基凝固后,花粉(小孢子)能均匀分布并固定在很薄一层培养基中,然后用封口膜把培养皿封严。最后将材料在 25℃下进行暗培养,诱导产生胚状体或再生不定芽,并进而分化成小植株。平板培养的最大优点是每个外植体的培养位置相对固定,可以追踪花粉(小孢子)的发育和分化过程。

3. 看护培养法

Sharp 等(1972)建立了一种看护培养法,从培养的番茄花粉形成了细胞无性繁殖系。具体做法是将完整的花药放在固体培养基上,然后将滤纸片放置在花药上面,一会滤纸就被湿润,然后迅速将花粉放置在滤纸片上,进行培养。对照是把花粉粒直接放在固体培养基表面上,其他操作完全相同。试验表明,花粉在看护培养基上植板率可达 60％,而对照的花粉不能生长。由此可见,看护组织不仅给花粉(小孢子)提供了培养基中的营养成分,而且还提供促进细胞分裂的其他物质,这种促进细胞分裂的物质可通过滤纸而不断扩散。这种培养方式有助于低密度下的花粉(小孢子)培养,或其他方式培养不易成功时的花粉培养。

4. 微室悬滴培养法

Kameya 等(1970)用甘蓝×芥蓝 F_1 的成熟花粉获得成功。其方法是把 F_1 花序取下,表面消毒后用塑料薄膜包好,静置一夜,待花药裂开、花粉散出,制成每滴含有 50~80 粒的花粉悬浮培养基,然后放在微室内进行悬滴培养。与看护培养相比,微室培养是用条件培养基取代了看护组织而进行培养的一种方法。其主要优点是培养过程中可连续进行显微观察,把花粉(小孢子)的生长、分裂过程全部记录下来。

微室的制作方法是:把一滴花粉(小孢子)悬浮液滴在无菌的载玻片上,在这滴培养液的四周与之隔一定距离加上一圈石蜡油,构成微室的"围墙",在"围墙"的左右两侧各加一滴石蜡油,再在其上置一张盖片作为微室的"支柱",然后将第三张盖片架在两个"支柱"之间,构成微室的"屋顶",于是那个花粉(小孢子)的悬滴就被覆盖在微室内。构成"围墙"的石蜡油能阻止微室内水分的散失,但不会妨碍内外气体的交换。

5. 条件培养法

条件培养法是在合成培养基中加入失活的花药提取物,然后接入花粉进行培养的一种方法。具体做法是:首先将花药接种在合适的培养基上培养一定时间,然后将这些花药取出浸泡在沸水中杀死细胞,用研钵研碎,倒入离心管离心,获得的上清液即花药提取物;其次,将提取液过滤灭菌后加入培养基中,然后再接种花粉进行培养。因为失活花药的提取物中含有促进花粉发育的物质,所以加入花药提取物有利于花粉培养的成功。

第三节　果树的胚培养

胚培养是将胚从胚珠或种子中取出,置于培养基上生长。胚培养包括未成熟胚和成熟胚及杂种胚的离体培养。在果树的胚培养方面,杂种胚的离体培养已被广泛应用于育种工作当中。利用该技术可以达到克服杂种胚的早期败育和打破种子休眠以缩短育种周期的目的。胚培养在测定果树休眠种子生活力方面也有应用。胚培养在果树上的实际应用取得的成效很多。苹果属用于促进种子萌发;甜樱桃、酸樱桃、洋梨、桃用于克服种子低的生活力；柑橘属用于橙和枳的杂交，克服属间杂交不育性。胚培养在挽救杂种胚早期败育上有较好的表现。在胚珠以外的环境中进行胚培养的研究，对了解胚在各个发育时期的营养需要提供了参考，同时还可以进行整胚及胚的各部分的再生潜力研究。

1. 果树胚培养的主要技术

（1）胚的发育时期

如果要对植物处于一定发育时期的胚进行胚培养时，需要对刚开放的花进行人工授粉。在作这方面的研究时，最好先制作一个对照表，列出胚胎发育期与授粉后天数的相应关系。对于不同品种的果树，其胚培养的取材时期也不尽相同。如桃、杏等，有的可在硬熟期采集果实，取出种胚直接接种，有的则需要经过低温处理，才能获得较高的成苗率；苹果、梨、葡萄等，可用层积种子作为试材，进行胚的培养；如果试验目的是从即将败育的种子中获得胚，则必须在败育开始之前，将种子从植株上取下并剥离，进行培养，以挽救即将败育的种胚。

（2）材料的灭菌

胚培养中外植体的灭菌，可按照外植体灭菌一节中介绍的灭菌方法对整个胚珠进行灭菌。然后在无菌条件下把胚剥离出来。由于合子胚受到珠被和子房壁的双重保护，在剥离之前处于天然的无菌环境之中，不需要再次进行表面灭菌，即可直接接种在培养基上。在进行胚的离体培养时，需要把胚从周围的组织中剥离出来。成熟胚只需剖开种子即可剥离种胚，但对于种皮很硬的种子，则需先在温水中浸泡之后才能剖开。在剥取较小的种胚时，需在解剖镜下进行，种胚剥离后，应立即接种在培养基上。

（3）培养基成分

根据不同的研究目的和应用，要求取出不同发育时期的胚作离体培养。培养分化的或成熟的胚时，因这一时期的胚在营养上是相对独立的，故其培养基的营养要求比较简单，只需在含有大量元素的无机盐和糖的培养基中即可生长。未分化的幼胚，因其是完全异养的，故在离体培养时对培养基的要求也比较复杂，除了一般的无机盐成分外，还需要加入微量元素和各种生长调节物质，胚龄越小，要求的培养基越复杂。

（4）培养条件

通常的胚培养是在室温和弱光的培养室中进行的。幼胚的培养在光照和黑暗交替下生长更好，但达到萌发时需要光照。胚在固体培养基中所处的位置，对胚的生长也会产生影响。如李属的胚培养，胚一半埋在培养基中效果较好。根据幼胚和成熟胚相应发育时期的胚乳的状态推测，液体培养基可能更适于幼胚的培养，而固体培养基更适于成熟胚的培养。同时，在幼苗的发育中，子叶起着重要的作用，特别是对胚芽的生长。

2. 胚培养

胚培养包括胚胎发生过程中不同发育期的胚，一般可分为成熟胚培养和幼胚培养。

（1）成熟胚培养

成熟胚一般指子叶期后至发育完全的胚。它培养较易成功，在含有大量无机元素和糖的培养基上，就能正常生长成幼苗。因此，对成熟胚的培养来说，不是寻找合适培养基和培养条件，而主要是研究胚发育过程的形态建成，生长物质的作用，各部分的相互关系和营养要求等生理问题。

种子外部有较厚的种皮包裹,不易造成损伤,易于进行消毒,因此,将成熟或未成熟种子用70%乙醇进行几秒钟的表面消毒,接着用饱和漂白粉或0.1%汞浸泡10～30 min,再用无菌水冲洗3～4次,然后在无菌条件下进行解剖,取出胚接种在适当的培养基上,使其在人工控制条件下,发育成一棵完整的植株。

（2）幼胚培养

幼胚是指子叶期以前的幼小胚,幼胚培养在远缘杂交育种上有极大的利用价值,因此,其研究和应用越来越深入和广泛。随着组织培养技术的不断完善,幼胚培养技术也在进步,现在可使心形期胚或更早期的长度仅0.1～0.2mm的胚生长发育成植株。由于胚越小就越难培养,所以,尽可能采用较大的胚进行胚养。

幼胚培养的操作方法同成熟胚培养基本相同,注意的是切取幼胚时必须在高倍解剖镜下进行,操作时要特别细心,尽量取出完整的胚。在未成熟胚的培养中,常见有3种明显不同的生长方式,第1种是继续进行正常的胚发育,维持"胚性生长";第2种是在培养后迅速萌发成幼苗,而不继续进行胚性生长,通常称为"早熟萌发";第3种是在很多情况下,胚在培养基中能发生细胞增殖形成愈伤组织,并由此再分化形成多个胚状体或芽原基。

成熟胚对培养基要求不高,而幼胚要求较高,常用的培养基有MS、B_5、Nitsch培养基。幼胚需要较高的蔗糖浓度,提供较高的渗透压。由于幼胚在自然条件下赖以生存的是无定形的液体胚乳,具有较高的渗透压,人工培养基中要创造高渗透压的条件,以调节胚的生长,阻止可能的渗透压影响,还能抑制中早熟萌发中的细胞延长,以及抑制胚的萌发,避免把细胞的伸长状态转化为分裂状态。

不同植物的胚培养需要的生长物质不同,如IAA可明显促进向日葵胚的生长,而抑制陆地棉胚的生长。IAA和KT的共同作用可促进荠菜幼胚的生长。一般认为IAA可使胚的长度增加;加入6-BA可提高胚的生存机会。椰乳对胚培养有一定的促进作用。还有一些瓜类的胚乳提取物能促进胚的生长,这可能是含有的植物激素类物质和一些有机氮化合物作用的结果。

对于大多数植物的胚来说,在25～30℃为宜,但也有些植物不在这个范围内,如马铃薯以20℃为宜,而棉花以32℃生长最好。光有利于胚芽生长,而黑暗有利于胚根生长。因此,以光暗交替培养为宜。

3. 主要果树的胚培养

（1）苹果胚培养

在苹果胚培养中,胚的发芽力与胚成熟度有关。王力超等(1996)在对苹果矮化砧木M_9的幼胚培养中,作了胚成熟度与胚发芽力的关系测定。结果表明,授粉后70d胚龄的幼胚成苗率为1.9%,而当胚龄到达126d时,成苗率可达14%。胚龄70d前的幼胚在试管中虽然有不同程度的增大,甚至可以看到子叶绿化及胚根伸长现象,但不能抽出正常叶。在授粉后20～40d时,种子有一个急速增长的过程,但胚急速增大出现在授粉后的40～70d。由此可见,苹果的胚在形态发育高峰之后,才具备发芽能力。

1) 材料与接种方法

苹果的胚培养,根据培养目的、培养品种及胚发育状况的不同,采用不同的接种方法。可以在培养前将欲进行胚培养的苹果种子在 35℃水中浸泡 12h,在超净工作台内用 12％的次氯酸钠消毒 15min,清洗后铺在 1％的琼脂上。70d 后去除生根的种子,剩下的种子在消毒后分离胚组织。有人选用的材料是经过层积的种子,也有人将胚接种在培养基上,然后再将其放置在 4℃的低温下冷藏一定的时数,以提高幼胚的成苗率。

2)培养基

在苹果的胚培养基选用上,种胚可以接种在 1/2 MS 基本培养基附加生长素和细胞分裂素的培养基上,子叶和胚轴在改良的 MS 培养基上培养效果较好。生长素应用较多的是 NAA、IAA 及 IBA,浓度为 0.1～2.5mg/L,细胞分裂素以 6-BA 在苹果胚培养上应用最多,效果也较好,浓度为 0.5～5.0mg/L。另外,GA_3 在苹果的胚培养上也有较多的应用,GA_3 有利于早熟品种胚的生根、抽枝,同时,利用 GA_3 可以打破种子休眠的作用,有利于胚的萌发,形成再生植株。在苹果的胚培养基中添加一定量的水解乳蛋白有促进苹果幼胚生根和抽枝的作用,而在培养基中添加活性炭会使胚培养的再生植株根系发达。

(2)桃胚培养

1)外植体的取材时间

桃胚培养的外植体取材时间与培养过程中愈伤组织的产生、不定芽的生成、植株的生长状况等培养指标有关,而因培养的桃的基因型不同、生长状况不同,外植体的取材时间也不同。有报道称早熟桃的胚培养,是在盛花后 65d 左右,进行种胚的培养效果好。有的桃胚培养是在果实硬核期采收,采收后放置 5d 左右,使其进一步后熟,然后再用刀削去果肉,取出果核进行外植体的灭菌、接种,培养效果好。吴延军等(2003)在对早熟品种桃的幼胚子叶不定芽发生的研究中发现,盛花后 55d 的幼胚子叶比花后 45d 的幼胚子叶稍易再生。阎国华等(2002)对中晚熟品种的桃幼胚离体培养再生植株的研究中证明,花后 55～70d 的幼胚在光照条件下最适于桃胚性愈伤组织的诱导。杂交育种中的胚挽救,其胚培养的时间应在合子胚败育前,就开始取种胚进行胚培养。桃胚培养中通过分化途径离体培养生成再生植株的,外植体大多数是取自种胚成熟前的器官或组织。目前,已有以幼胚、幼嫩胚乳、未成熟种子子叶和胚珠为外植体,成功获得再生植株的报道,而完全成熟的胚培养很难再生,但有人在桃砧木成熟种子子叶及扁桃与桃的杂交后代成熟胚胚轴培养中得到过植株。

2)培养基

在对桃的胚培养研究中应用较多的基本培养基有 Tukey 和 Norstog 培养基,也有人应用改良 Tukey 和改良 MS 培养基及 WPM 培养基,得到较好的培养效果。桃胚培养基中的激素使用,根据培养的品种、培养目的、发生途径及胚的生理状况不同,细胞分裂素及生长素的种类、配比也不同。在桃胚培养中,由种胚直接萌发,形成再生植株的,培养基中可以不加入植物激素,而通过诱导愈伤组织或利用胚的组织、器官分化途径,形成再生植株时,使用较多的激素有:2,4-D、6-BA、NAA、IAA、IBA、TDZ、KT 等,其中,细胞分裂素的使用浓度较高,一般为 5.0～10.0mg/L,细胞分裂素的活性,TDZ＞6-BA＞KT。在桃胚培养的萌发培养基中的糖源以蔗糖、果糖或果糖＋葡萄糖为好。

3）培养条件

在桃胚培养中,由种胚直接萌发成再生植株,有的品种需在接种的当天,将培养瓶置于0～5℃的冷藏箱内,低温处理70～80d,在其度过休眠期要求的低温积累时数后取出,在自然室温下放置24h,这时的种胚子叶开始转绿,然后将其转入白天22～25℃,夜间16～18℃的培养室内培养。光照强度1000～3000lx,随着幼苗的长大,光强逐渐增加,采用16h/8h的光暗周期。一般情况下,胚根的伸长早于胚芽,在培养室内培养15d左右,幼苗的高度可达2cm以上,并具有健壮的主根和少数侧根,随着培养天数的增加,侧根数逐渐增多,培养20d后,将胚培养的再生植株转接到Norstog培养基上,待幼苗株高达到2～4cm,具有5～7片叶时,洗净试管苗根部的培养基,移入营养钵中,营养土采用园田土与沙2∶1的比例。移栽时灌足底水,置于16～20℃下,待新梢开始生长后,逐渐提高温度至23～25℃。有的品种在接种后,经过低温处理度过休眠(低温冷藏时数不少于1000h),从冷藏箱内取出后,先实行暗培养,培养温度保持15～20℃。待其下胚轴伸长或出现幼根,再移到光照条件下培养,再生植株生长状况较好。利用胚培养中胚的组织器官诱导愈伤组织或不定芽时,不需要进行低温处理和暗培养,其培养条件与常规的植物组织培养的要求没有大的差异。

（3）葡萄胚及胚珠培养

1）葡萄胚培养

用来自盛花后30d的葡萄幼果,采后用塑料袋包住置于5℃左右的冰箱中,低温处理40d,再剥取幼胚培养。在剥取幼胚前,先用70%乙醇将葡萄幼果进行表面消毒,必要时用3%的次氯酸钠溶液浸泡10min,用无菌水冲洗3次。在无菌条件下,将果实剥开,取其种子,剥取幼胚。剥离时先在幼胚种子的喙端剪去一点,使其下剪处恰到不损伤胚,而又能从被剪喙口处见到一个乳白色的小点(即幼胚),然后再用镊子夹住种子剪口稍后端处,两手揪住镊柄,用力均匀挤压,幼胚就被完整挤出。

葡萄幼胚呈乳白色,长2～4mm,直径0.2～0.3mm,挤出的幼胚立即接种在培养基上,培养基为改良B_5或不加激素的MS培养基。培养室温度25℃左右,光照强度3000lx。

幼胚接种3d后明显长大,一端伸长,10d后子叶出现,个别根出现。培养30d的正常绿苗2片子叶已达4～5mm长,40d长出小芽,80～90d的胚苗有4～5片真叶,具有发达的根系。具有10片真叶的葡萄胚苗经锻炼后可移出栽盆。移出的幼苗在20～30℃,相对湿度70%以上的条件下,一般都能成活。

2）胚珠培养

在授粉后的40～50d采回果穗,先用清水将果穗冲洗数次,然后置于超净工作台用75%乙醇漂洗一次,再将果穗放入95%乙醇、过氧化氢和水(比例为1∶1∶2)的混合液中浸泡7～8min,再用无菌水漂洗3次。

将消毒后的果粒切开,取出胚珠,接种于内装25ml幼胚培养基(B_5和Nitsch为基本培养基,附加GA_3 0.2mg/L、IAA 1.5mg/L、ZT 1.0mg/L)的50ml三角瓶中,每瓶接种4～6枚,置培养室中培养。

在温度24℃±2℃,光照强度为2000lx,16h/d光照下培养。60～70d后,大部分胚珠变绿,少部分变褐,且变绿的胚珠明显增大,说明胚珠在培养过程中已生长发育。还有一部分胚珠变绿后形成浅绿色的愈伤组织(可能与培养基中的激素有关)。将胚珠转移至胚萌发培养基(1/2 MS＋IAA 0.4mg/L＋6-BA 0.6mg/L＋NAA 0.2mg/L)中继续培养,约20d 胚即萌发。有的胚先萌发胚根,有的先萌发子叶,子叶常呈绿色,形状异常。主根的生长常常受到抑制,有的生有次生根和不定根,但根系能正常发育。在胚萌发后 10d 左右转移至内装 50ml 成苗培养基(1/2 MS＋IAA 0.4mg/L)中,胚可分化出根、茎和叶的正常植株,待幼苗具 3～4 个茎节、2～4 条 1～3cm 长的幼根时,可移入花钵中,盖上玻璃烧杯,置于培养室内炼苗。约 2 周后,去掉玻璃烧杯,移入温室中,再生长 1 个月左右,待幼苗基部茎成熟后定植在田间,按常规进行管理。

　　3) 胚挽救技术在葡萄育种上的应用

　　培育大粒无核葡萄品种已成为世界各国葡萄育种的重要目标。葡萄组织培养技术,特别是胚、胚珠培养技术是无核葡萄育种研究中发展最快的新兴技术,它对于培育大量优质无核品种具有划时代的意义。在 20 世纪 80 年代之前的无核品种中,有 70%左右是通过有性杂交获得的。但在以往无核葡萄杂交育种中,人们只能利用无核品种作父本,有核品种(有无核倾向的)作母本,这样杂交后代中出现无核植株比率很低,同时也给葡萄无核性状的遗传研究带来难以克服的困难。各国葡萄育种者的大量试验资料都认为葡萄无核是隐性性状,如果采用假单性结实的无核葡萄品种作母本进行杂交,利用组织培养技术在其合子胚败育之前,进行离体胚珠培养,阻止幼胚的败育,使其发育成充实的胚,最终形成完整植株,是克服上述困难的有效途径,后代无核植株比例将大为提高。自 1982 年美国葡萄育种家 Ramming 首次报道了采用胚挽救技术,用改良的 White 培养基培养无核葡萄胚珠,获得 2 株实生苗以来,无核葡萄胚珠培养技术发展很快,为 20 世纪 90 年代无核葡萄杂交育种方式的新创举。Ramming 等以无核×无核的杂交组合,结合胚挽救技术,获得了许多杂种植株,其中 82%表现无核性状。并认为无核×无核杂交可产生45%～85%的无核后代。可见,胚挽救技术可成功应用于以无核葡萄作母本的无核葡萄育种中。进入 20 世纪 90 年代后,我国也相继开展了此项研究。陈再光、贺普超对早熟葡萄胚培养及北京农业大学果树育种组对无核葡萄胚珠发育及早期离体培养都进行了深入研究。北京农业大学果树育种组较系统地研究了无核葡萄胚发育特点、接种时期、基本培养基及外源激素、培养方式和成苗途径等多方面的内容,为该项技术的进一步发展和完善打下了一定的基础。

　　i. 亲本的选择

　　无核葡萄胚的发育受基因型严格控制。不同品种形成合子胚的能力差异很大,如‘黑珍珠’、‘白科林斯’(White Corinth)、‘红科林斯’(Red Corinth)和‘黑科林斯’(Black Corinth)不形成合子胚,属单性结实品种,不宜作母本进行杂交。而占 85%左右的假单性结实品种如‘无核白’、‘无核紫’、‘Orlando’、‘京早晶’等品种受精后易形成合子胚,可以作母本。Gray 等研究表明父本对获得胚和植株具有显著影响。他们以‘奥兰无核’(Orlando Seedless)作母本,‘Arkansas1105’等 12 个无核品种作父本时,合子胚经胚培养后,胚萌发率为 4.0%～33.2%,移栽到土壤后,成苗率 0～8%,不同父本胚萌发及成苗率差异显著。

研究资料还显示无核葡萄自交出苗率都不高。一般用无核性状传递力强的无核葡萄品种如'无核白'、'无核黑'等作父本为最好。

ii. 掌握无核葡萄胚珠败育时期

确定胚珠接种的适宜时间,是胚珠培养能否成功的关键。不同品种胚发育期的长短不同,且在不同年份、不同天气条件、不同部位胚发育期也不同。如 1991 年贺普超等研究表明,'杨格尔'在花后 27～33d 以后胚开始败育。朱林等(1992)培养'白乐'和'美丽无核'的胚珠在花后 49d 胚萌芽率最高。Cain 等(1983)认为对'绯红'和'红马拉加'品种在花后 101d 取胚珠比 52d 效果好。大部分资料显示胚珠培育最好接种期是花后 40～55d。早在 1934 年 Tukey 就指出最好的胚培养结果是从培养接近发育完全的胚珠获得的,这时胚胎发育最充分。掌握合适接种时期能有效地提高胚珠培养成功率。

iii. 培养基和激素的选择

对于胚发育的基本培养基的选择,朱林等(1992)选 B_5 为基本培养基获得小苗。曹孜义、孟新法、余旦华等选 Nitsch 为胚发育基本培养基,效果良好。胚萌发和成苗培养用 1/2 MS 培养基的为最多。张宏明等用附加不同激素的 Nitsch 培养基培养 6 个无核品种的胚珠表明:①同一品种对不同激素的反应差别很大,'京早晶'在 1.9mg/L IAA 和 2.2mg/L ZT 上胚发育率最高(34.9%),而在 GA_3 上发育率最差(11.3%);②不同品种对激素反应的敏感性不同。培养发育较好的胚珠比培养发育较差的胚珠要求的激素简单,如 Lakemont 在无激素的对照中,胚发育率为 59.5%,仅低于 1.9mg/L IAA 的处理。在胚发育阶段一般加入 GA_3 和 IAA 来打破胚的休眠。Gray 等(1990)研究表明这一阶段加入 0.12%(m/V) 活性炭有较好效果。胚珠培养 60～80d 后,将幼胚取出,移入附加 1.0mg/L 6-BA,0.2mg/L NAA 的 1/2 MS 培养基中萌发较好,也可在附加 0.5mg/L 6-BA、0.01mg/L NAA 的 1/2 MS 培养基上长出大量不定芽,再分离单芽转到 0.5mg/L 6-BA、0.2mg/L IBA 的 1/2 MS 培养基上直接成苗。李桂荣等在无核白葡萄授粉后20～50d,将胚珠接种在含不同激素的 Nitsch 培养基上,培养 80～90d 后转入胚萌发培养基中,待胚萌发 20d 左右,再转入成苗培养基中使其发育成正常幼苗。结果表明,胚萌发适宜的培养基是附加 0.5mg/L IAA、1.5mg/L BA 和 0.5mg/L GA_3 的 Nitsch 培养基,在所试 10 个接种时期中,以授粉后 39d 胚的发育率最高。

iv. 影响胚萌发的各种因素

休眠对胚的萌发有影响。胚培养所用的种子是否必须经过一段时间的低温处理才能打破休眠使胚萌发,是人们一直争论的问题。贺普超等认为脱落酸(ABA)在胚发育阶段会迅速增加抑制胚萌发,经 4℃低温处理可降低 ABA 含量从而使胚正常萌发。余旦华等试验证明,在培养基中附加 0.35mg/L GA_3 和 1.8mg/L IAA,种子不经低温处理即可得到较高成苗率。

葡萄外种皮对胚的萌发有机械阻碍作用。余旦华等认为外种皮对于发育正常而完全的胚是不存在阻碍作用的,它阻碍的只是发育不完全的弱小胚,因此人们通常用人工破损法(纵切、横切、切喙等)提高无核葡萄胚的萌发成苗率。Femandaz 等认为剥取裸胚萌发率最高,而贺普超等试验表明,半横切处理与剥取裸胚萌发率差异不显著而前者操作简单得多。葡萄由于种壳坚硬,采用胚珠培养较剥离胚培养,接种方法简单,并可减少胚损伤,但需要切取胚珠喙部,使得胚能够直接接触培养基。培养方式无论是采用剥离胚培养或切喙胚珠培养,胚培养两条途径(胚状体成苗和胚直接萌发成苗)均可发生。两种培养方式均可在附加 0.5mg/L 2,4-D 与 1.0mg/L 6-BA 激素组合的培养基上实现胚状体的发生。

'巨峰'葡萄剥胚是经历愈伤组织阶段后分化出胚状体,但胚珠培养则未按此间接发生方式进行,而是直接由珠孔端伸出白色突起的胚状体聚合团块,这一发生形式与 Stamp 等描述的葡萄成熟胚胚状体发生相似,后者在剥离胚上直接产生胚状体。诱导两条成苗途径的发生,培养基因素至关重要,2,4-D 是胚状体发生的关键激素,而 NAA 则促使幼胚向着萌发的方向发展,幼胚早熟萌发或继续进行胚性生长,到达成熟后正常萌发。结合 Stamp 等的研究结果,胚的发育阶段(未成熟—成熟阶段)并不是决定能否有胚状体发生的根本因素。胚在花后 52d(心形期)、花后 60d(鱼雷期)直至成熟期均能实现该途径(球形期以前除外)。而胚萌发与胚的发育阶段直接相关,早期胚(球形胚)处于异养阶段,营养要求复杂,胚的内部分化还未达到具备萌发能力的水平;到达发育的一定阶段,胚才具备萌发能力,但由于发育不完全,只能够早熟萌发;只有达到成熟期,胚各部分分化完全,才能够萌发形成完全正常的小植株。成功的胚挽救技术一般在受精后 40～50d 取出胚珠,通过适宜的培养后,当年即可成苗,经炼苗后,第二年春可移入大田。如果采用先进技术对幼苗或育种材料进行早期鉴定,即通过基因检测,排除后代是自花授粉或体细胞胚发育,以及采用 RAPD 标记等技术测定无核基因的存在与表达,将更有利于提高育种效果。

(4)柑橘的胚胎培养

1)胚培养的意义

大多数柑橘具有多胚现象(polyembryony),从珠心组织中可产生 1～40 个不定胚。因为多胚类柑橘的珠心胚往往会抑制合子胚的发育,而且合子胚苗与珠心胚苗区别困难,所以多胚现象成为柑橘杂交的一大障碍。若在合子胚退化之前且珠心胚未侵入胚囊的时期取出合子胚进行人工培养成苗,则可有效地获得由合子胚发育而来的真正杂种。柑橘的珠心胚培养还可用于培育无病毒苗,即使是单胚性种类,也可通过培养在授粉后 3～4 个月除去合子胚的珠心组织培养来获得无病苗木。而对于温州蜜橘柑(*Citrus. reticulata*)、脐橙(*C. sinensis*)等无核品种,可利用培养败育前的未受精胚珠来获得无病苗木。柑橘的珠心胚培养也可用于培养大量遗传上一致的砧木苗。通过柑橘珠心、珠心胚或幼胚培养诱导培养胚性愈伤组织,可以用于建立胚性细胞悬浮培养系统。柑橘胚性细胞系是柑橘原生质体分离的理想材料来源,可用于柑橘的原生质体培养、细胞杂交、遗传转化及细胞突变体筛选等。

柑橘胚胎培养,广义上还包括胚珠、子房、胚乳等的培养,在柑橘遗传改良上具有重要价值。

2)珠心及珠心胚的培养

i. 胚性愈伤组织的建立

将开花后 2～6 周的幼果,经表面消毒,剥离胚珠,接种于 MT 培养基(Murashige 和 Tucker,1969),附加 5％蔗糖,1％琼脂,500mg/L 的麦芽提取液(ME),在 25℃、光照 12～16h/d 的培养室中培养;或将授粉后 100～150d 的幼果,经表面消毒后,取出幼胚接种于

MT 培养基,附加 2,4-D 1.0mg/L,6-BA 0.25mg/L 进行培养,筛选胚性愈伤组织细胞系。

ⅱ. 诱导胚状体再生植株

将胚珠诱导的愈伤组织移入 MT 培养基,附加 IBA 0.5mg/L,在光照条件下,培养的愈伤组织表面可产生胚状体。珠心胚的发生与正常胚胎发育过程相同,在增殖过程中出现球形、心形和子叶期等各个发育阶段的胚状体。将心形胚或子叶胚转入附加 GA$_3$ 1.0mg/L 的 MT 培养基中,先诱导根,然后分化茎叶,形成完整植株。

3)合子胚的离体培养

ⅰ. 合子胚分离培养的时期

根据柑橘人工授粉杂交试验表明,授粉后 50d,胚囊内只有一个球形合子胚,当时珠心胚尚未侵入胚囊。授粉后 55d 已有少数珠心胚侵入胚囊,授粉后 60d 的胚囊,均发现有大量珠心胚侵入。因此,合子胚分离培养的合适时期为授粉后 50d 左右的球形胚时期。

ⅱ. 合子胚的培养方法

采用授粉后 50d 左右的幼果,经表面消毒后取出种子。在解剖镜下准确分离合子胚,接种于改良的 White 培养基上,附加腺嘌呤(Ad)20mg/L、LH 400mg/L、椰乳(CM)10%、蔗糖 10%。在光照条件下培养 4 周左右,可见双子叶胚的形成;转入附加 ZT 0.25mg/L、GA$_3$ 10mg/L、蔗糖 2% 的 MT 培养基,诱导形成芽;待芽长 2~3cm 时,转入附加 IBA 0.2mg/L 的改良 White 培养基,诱导长根,形成完整植株。

ⅲ. 合子胚培养获得柑橘杂种

陈振光等(1991)根据合子胚发育期的观察结果,先后在雪柑(*C. sinensis*)与福橘(*C. reticulata*)、芦柑(*C. reticulata*)与枳壳(*Poncirus trifoliata*)、芦柑与柚(*C. grandis*)与枳壳的多次杂交试验中,均采用授粉后 50d 前后的球形胚,单独分离培养获得合子胚苗。小苗的 GOT 同工酶和过氧化物同工酶测定,证明其杂种性,可有效地排除珠心胚的干扰。

(5)荔枝幼胚培养

1)荔枝幼胚胚性愈伤组织的诱导

周丽侬等(1993)报道了以糯米糍幼胚为外植体,诱导胚性愈伤组织后,于MS+2,4-D 4.0mg/L+6-BA 0.1mg/L+NAA 0.1mg/L 培养基上可诱导大量胚状体,但只有少数胚状体能够萌发。吕柳新等(1993)用授粉后 30~40d 的幼胚诱导细胞团,在附加 6-BA 和 ABA 的 MS 培养基上分化出胚状体并实现旺盛增殖,但胚状体不能萌发。周丽侬等(1996)、邝哲师等(1997)以糯米糍幼胚为材料,较详细地研究了影响愈伤组织诱导、继代和体细胞胚发生及植株再生各环节的关键因素,最终将幼胚胚性愈伤组织的诱导率提高到 64.2%,体细胞胚的诱导率提高到 62%,正常成熟胚的成苗率提高到 22.3%,从而初步建立了荔枝幼胚培养的再生体系。

赖钟雄等(1996)以荔枝晚熟优良品种'下番枝'的幼胚为外植体,诱导胚性愈伤组织的培养基为附加2.0mg/L 2,4-D、7g/L 琼脂、2%蔗糖的 MS 固体培养基或附加2.0mg/L 2,4-D、1.0mg/L KT、5.0mg/L AgNO$_3$、7g/L 琼脂、2%蔗糖的 MS 固体培养基;培养条件为 25℃±2℃、黑暗或弱光(150lx)。培养 15~30d 后陆续形成愈伤组织。挑取淡黄色、颗粒较小、松散的愈伤组织继代。这类愈伤组织均有胚胎发生能力。

荔枝幼胚诱导胚性愈伤组织一般采用 MS 基本培养基,附加一定质量浓度的激素和蔗糖对胚性愈伤组织的诱导有重要作用。培养基中加入较高质量浓度的蔗糖(50g/L)和2,4-D (2.0~4.0mg/L)会显著提高胚性愈伤组织的诱导率。蔗糖和 2,4-D 的质量浓度太低、太高都会抑制胚性愈伤组织的产生。其他常用激素都没有 2,4-D 的作用明显。苏明申进行了 NAA、KT、GA_3 的不同组合试验,发现只加 KT、GA_3、NAA 或不加激素均不能诱导出胚性愈伤组织。俞长河比较幼胚培养诱导胚性愈伤组织中 6-BA、硫代硫酸银、活性炭(AC)的作用,发现 6-BA 显著抑制胚性愈伤组织的产生;硫代硫酸银的作用取决于 6-BA 的存在与否,6-BA 存在时硫代硫酸银抵消 6-BA 的作用,促进胚性愈伤组织的诱导,6-BA 不存在时,硫代硫酸银降低胚性愈伤组织的诱导率;因为 AC 对 2,4-D 具有强烈的吸附作用,所以它同时抑制胚性愈伤组织和非胚性愈伤组织的诱导。

2) 荔枝松散型胚性愈伤组织的筛选与保持

刚诱导出的荔枝幼胚胚性愈伤组织颗粒一般都较粗、淡黄色,混杂有一些早期原胚,并非典型意义上的愈伤组织,严格地说,只能称作"胚性培养物";同时,在继代过程中还经常产生一些白色或灰白色的非胚性愈伤组织。将荔枝胚性愈伤组织接种到激素减半、其他成分与诱导培养基相同的继代培养基进行交替培养,结合光照相对强(500lx)、弱(150lx)交替培养,进行松散型、无原胚分化的胚性愈伤组织的筛选。光照可以在一定程度上抑制非胚性愈伤组织的生长,但强光照会同时抑制胚性愈伤组织的生长。采用交替的光照培养,非胚性愈伤组织的生长基本受到抑制,而胚性愈伤组织的生长也基本不受影响。在此过程中,选择淡黄色、颗粒细小、松散的愈伤组织进行继代。在经 4~6 代连续继代选择后,可以筛选到生长迅速、淡黄色、颗粒细小、松散、没有原胚分化的松散型胚性愈伤组织系。筛选到的细胞系(胚性愈伤组织)在弱光下采用交替继代培养,可长期保持。不过,在保持过程中仍需注意挑选典型的松散型胚性愈伤组织来继代。在倒置显微镜下观察,可见该胚性愈伤组织为典型的愈伤组织,细胞为圆形,没有任何组织结构和原胚分化,且分散性很好,放至水中即自动散开来,成为小细胞团。

在高糖(50g/L)下,荔枝非胚性愈伤组织的生长也会受到抑制,但胚性愈伤组织颗粒变粗,在倒置显微镜下观察,可见混杂原胚的比例增加,即高糖促进荔枝胚性愈伤组织的原胚分化,这种处理方法显然不利于荔枝松散型胚性愈伤组织的保持,更无法在高糖情况下筛选到无原胚分化的松散型胚性愈伤组织。俞长河等(1997)由于荔枝胚性愈伤组织的诱导、筛选与保持均在高糖下培养,获得的胚性愈伤组织含有大量分化原胚,进行悬浮培养也只能得到含有球形原胚的悬浮培养物,无法得到胚性悬浮细胞系。

3) 荔枝胚性愈伤组织的体胚发生与植株再生

将荔枝胚性愈伤组织接种到附加 0.1mg/L NAA、5.0mg/L KT 或 ZT、50g/L 蔗糖、10g/L 琼脂的 MS 固体分化培养基中,在黑暗条件下诱导体胚发生。培养 20~30d 出现大量的子叶形体胚或其他阶段的体胚,体胚诱导频率因品种、外植体来源及胚性愈伤组织而异。松散型胚性愈伤组织的体胚发生能力最强,但形成体胚时间相对较长;颗粒粗的胚性愈伤组织,因为含有原胚,所以出现体胚的时间反而更短。在低糖下,荔枝胚性愈伤组织形成的体胚几乎为玻璃化胚状体,若不及时转移到高糖培养基上,一般无法再生植株。

在高糖下,荔枝胚性愈伤组织形成的体胚为结实的乳白色,但体胚往往发育不同步,出现较多的畸形胚,并伴随着部分玻璃化体胚。荔枝的畸形胚和玻璃化胚一般很难萌发形成完整植株,但白色的畸形胚却很容易生根。由于荔枝体胚形成的数量较大,虽然畸形胚与玻璃化胚占大部分,但正常胚的绝对数量还是不少。荔枝胚性愈伤组织诱导出的小胚状体转移到附加 50mg/L 荔枝汁或椰乳、60g/L 蔗糖、10g/L 琼脂的 MS 固体培养基中,在黑暗下进行成熟培养,2.5~3 个月后,胚状体增大至 1~2cm,颜色乳白色。完全成熟的正常体胚转移到附加 20g/L 蔗糖、7g/L 琼脂的 1/2 MS 萌发培养基上,在光照下培养,80%以上萌发生根形成完整再生植株。但是,荔枝胚性愈伤组织体胚发生中形成大量异常体胚,这些体胚即使完成了成熟过程,也仅有极少数能萌发成苗。

第四节　果树的胚乳培养

　　果树的胚乳培养是指离体条件下对果树胚乳进行无菌培养的技术,果树的胚乳是由 3 个单倍体核融合而成的,其中 1 个单倍体核来自雄配子体,2 个来自雌配子体,因此胚乳是三倍体组织。在过去几十年间,很多研究已经充分肯定了胚乳细胞在离体条件下可以无限增生和进行器官分化,已先后在 52 种植物中进行过胚乳培养研究。

　　种子败育是三倍体植株的主要特征,常规杂交育种不仅费时、费力,且在有些情况下杂交并非总能成功,因而三倍体种子的来源就没有保障。因此,植株是否结籽都不影响其经济性状。在以生产无籽果实为目的的生产中,胚乳培养具有重要的意义。现在许多具有重要经济价值的植物,其三倍体都已在生产中得到了广泛利用,如苹果、香蕉、桑树、刺槐、毛白杨、甜菜、茶和西瓜等。此外,还可通过胚乳培养获得三倍体,以供基因定位之用。

　　由于胚乳细胞是三倍体,人们设想由它所形成的植株可能也是三倍体。部分植物的胚乳细胞在培养中表现了倍性的相对稳定性,这些植物的胚乳细胞往往也能长期保持器官分化能力,如檀香、核桃、橙和柚等。但在胚乳培养中,染色体的倍性混乱也是相当普遍的现象,如苹果($2n=34$)胚乳培养,植株根尖细胞染色体数为 29~56 条,其中大多数是 37~56 条,真正属于三倍体细胞的只有 2%~3%。枸杞、梨等胚乳植株的染色体数也不稳定,同一植株往往是不同倍性细胞的嵌合体。

　　影响胚乳细胞在培养中染色体数稳定性的因素可能有:①胚乳的类型,用作外植体的胚乳组织如果本身就是一个多种倍性细胞的嵌合体,由这种外植体产生的愈伤组织和再生植株当然也就不可能是稳定一致的三倍体;②胚乳愈伤组织发生的部位,不同部位的胚乳细胞染色体组成情况可能有所不同,例如,苹果胚乳发育初期的各种异常有丝分裂及无丝分裂现象,在合点端比珠孔端更为普遍;③培养基中外源激素的种类和水平,例如,猕猴桃胚乳在含有 ZT 3.0mg/L＋NAA 0.5mg/L 的培养基上,产生的再生植株多数不是三倍体,而在 ZT 3.0mg/L＋2,4-D 1.0mg/L 的培养基上,产生的再生植株是三倍体;④继代培养时间的长短。因此,在以生产三倍体植株为目的的试验中,应注意外植体和培养基的选择及培养条件的优化。

一、胚乳愈伤组织的建立

在胚乳培养中,除少数寄生或半寄生植物可以直接从胚乳分化器官以外,绝大多数被子植物的胚乳,都需先经历愈伤组织阶段,然后再生出植株。胚乳接种在培养基上一段时间以后,先是体积增大,然后由胚乳的表面细胞(如水稻)或内层细胞(如苹果),在若干局部区域形成分生细胞团,继而再由分生细胞团发展成为肉眼可见的愈伤组织。在有些情况下,愈伤组织是由多个分生细胞团分裂形成的愈伤组织颗粒堆积而成的,颗粒之间留有间隙。在多数植物中,初生胚乳愈伤组织为白色致密型,但也有少数植物为白色或淡黄色松散型(如枸杞),或绿色致密型(如猕猴桃)。胚乳愈伤组织的发生及其诱导频率除受胚乳发育时期的影响外,下面一些因素对其也有重要的影响。

1. 胚乳发育时期

接种时胚乳的发育时期对愈伤组织的发生及其频率有重要的影响。胚乳的发育时期可分为早期、旺盛生长期和成熟期 3 个阶段。在胚乳培养中,旺盛生长期是最适的取材期。对于木本植物来说,处在旺盛生长期的胚乳具有以下特点:胚已分化完成,胚乳已形成细胞组织(对核型胚乳而言),且已充分生长,几乎达到了成熟时的大小,外观为半透明的固体状,富有弹性。而不论是属于核型还是细胞型,处于发育早期的胚乳,不仅接种操作不便,而且愈伤组织的诱导频率也很低。例如,同为细胞期的'红江橙'胚乳(核型),前期愈伤组织诱导频率不到中后期的一半;青果期的枸杞胚乳(细胞型),愈伤组织诱导频率显著低于变色期和红果期。而处在游离核或刚转入细胞期的核型胚乳,无论它们是属于草本植物还是木本植物,都不能产生愈伤组织。处于旺盛生长期的胚乳(若是核型胚乳,这时已充分发育到细胞期),在离体条件下最容易诱导产生愈伤组织。如处于这一时期的葡萄、苹果和桃的胚乳,愈伤组织诱导频率皆为 90%～95%。

在一般情况下,接近成熟或完全成熟的胚乳,愈伤组织诱导频率很低,甚至不能产生愈伤组织。例如,种子发育中后期的苹果胚乳,愈伤组织诱导频率不超过 2%～5%;接近成熟的葡萄胚乳几乎不能产生愈伤组织;完全成熟的猕猴桃种间杂种胚乳,在离体条件下不能生长和增殖。

2. 培养基

在胚乳培养中,广泛使用的培养基是 MS,常用的还有 White、LS、MT 等。为了促进愈伤组织的产生和增殖,在培养基中还常常添加一些有机物附加物,如水解酪蛋白(CH)、椰乳(CM)、酵母浸提物(YE)等。例如,在葡萄的胚乳培养中,培养基中添加一定量的椰乳,对于愈伤组织的诱导和生长都是必需的。

除基本培养基和有机附加物外,植物激素对胚乳愈伤组织的诱导和生长也起着十分重要的作用。在不加激素的培养基上,柚、苹果、枸杞和橙等的胚乳不能或极少产生愈伤组织。大量研究表明,生长素和细胞分裂素的种类、用量和搭配等对培养结果有明显影响。一般情况下,生长素和细胞分裂素配合使用显著优于单一的生长素或细胞分裂素。另外,有些植物对激素的种类还有其特殊要求,如在猕猴桃胚乳培养中,玉米素比其他细胞分裂素好。但也有例外的时候,如在枣的胚乳培养中,无论使用单一种类的生长素还是几种生长素配合,还是生长素与细胞分裂素配合,都能有效地诱导愈伤组织,表明枣的胚乳愈伤组织诱导对外源激素的种类和搭配似乎没有特别的要求。

3. 胚的作用

关于胚在胚乳培养中的作用,不同的实验之间结果不尽相同。然而,从已有的报道看,在胚乳培养中是否必须有原位胚的参与,主要和接种时胚乳的生理状态(或胚乳年龄)有关。在柚、橙、苹果、猕猴桃等的未成熟胚乳培养中,处在旺盛生长期的未成熟胚乳,在诱导培养基上无需原位胚的参与就能形成愈伤组织。与此不同的是,在巴豆、麻疯树和罗氏核实木等成熟胚乳培养中,都特别强调了原位胚的作用,大概原因是完全成熟的胚乳,特别是干种子中的胚乳,生理活动十分微弱,在诱导其脱分化前,必须首先借助于原位胚的萌发使其活化。在利用原位胚的萌发对成熟胚乳进行活化时,活化所需时间的长短因植物种类的不同而不同。此外,在有些植物中(番荔枝),成熟胚乳的活化需要原位胚的萌发和 GA_3 的协同作用。有实验表明,接种时胚乳的生理状态如果是介于上述两种情况之间,在没有原位胚参与时也能形成愈伤组织,有原位胚参与时则可显著提高愈伤组织的诱导频率。

4. 其他因素

在有关胚乳培养的报道中,蔗糖的使用浓度多数为 3%～5%。胚乳愈伤组织生长的最适温度为 25℃左右,对光照和培养基 pH 的要求则因物种不同而异。多数种的胚乳培养是 10～12h/d 光照的条件下进行。对 pH 的要求一般为 4.6～6.3。

二、由胚乳愈伤组织再生植株

1. 器官发生途径

在胚乳培养研究中,器官发生是一种较为常见的植株再生方式,通过这种方式产生完整植株的果树有苹果、梨、枇杷、枸杞、猕猴桃等材料。

培养基成分对胚乳愈伤组织茎芽的分化有着重要的影响,有些植物对激素种类有着严格的选择性。在罗氏核实木胚乳愈伤组织茎芽分化的研究中,认为最有效的生长素和细胞分裂素分别是 IAA 和二甲基烯丙基氨基嘌呤。枸杞胚乳愈伤组织在含有 6-BA 或 6-BA+NAA 的培养基上,茎芽分化频率为 77%～85%,但在含有 ZT 或 ZT+NAA 的培养基上,则没有出现任何器官分化的迹象。在猕猴桃胚乳愈伤组织的分化中 ZT 十分有效。

有机附加物对胚乳愈伤组织茎芽分化也有重要的影响,具体来讲,因植物种类而异。例如,适量的 CH 对罗氏核实木愈伤组织的分化是必不可少的,但当把枸杞的胚乳愈伤组织转到含有 CH 的培养基中以后,不仅降低了分化频率,而且 1 个月后愈伤组织逐渐变褐死亡。

在胚乳愈伤组织培养中,有的在茎芽分化的同时可产生不定根,但对大部分植物来说,只有经过诱导生根才能获得完整的再生植株。诱导胚乳芽苗生根的一般方法是,当芽苗长到 2～5cm 高时,切除其基部的愈伤组织,然后接种于无激素或含有一定浓度生长素的培养基中诱导生根,或是将芽苗用较高浓度生长素浸泡一定时间后再接入无激素培养基中诱导生根,培养 2～3 周后即可长出不定根。例如,在枸杞和猕猴桃等植物中茎芽可直接诱导生根,从而再生出完整植株。此外,降低培养基中无机盐离子的浓度和蔗糖浓度,往往有利于胚乳芽苗生根和以后的移栽。如果胚乳愈伤组织分化频率不高,所分化出来的茎芽又很细弱,则最好先对这些茎芽进行营养繁殖和壮苗处理后再诱导生根。例如,毋锡金等对苹果胚乳愈伤组织刚分化出来的茎芽诱导生根没有成功,但经无性繁殖得到的芽丛中,选 2~3cm 高、2~4 片叶的材料切下来,诱导生根,获得了完整的胚乳再生植株。梨中也有类似的情况发生。

2. 胚胎发生途径

胚胎发生和器官发生相比,在胚乳培养中通过胚胎发生途径获得再生植株的报道中,迄今只有柚、橙、桃、枣、核桃和猕猴桃等果树。培养基中的激素和无机盐离子对胚乳愈伤组织中胚状体的诱导有重要的影响。王大元等发现,柚的胚乳愈伤组织在 MT＋GA$_3$ 1.0mg/L 培养基上能分化出球形胚,但球形胚不能进一步发育,只有将培养基中的无机盐浓度加倍,并逐步提高 GA$_3$ 浓度,即在 2MT＋GA$_3$2~15mg/L 培养基上,球形胚才能继续发育,最终形成完整植株。在甜橙中也通过类似方法获得了胚乳再生植株,并嫁接成活。不同的是,在檀香胚乳愈伤组织培养中,在 MS＋GA$_3$1~2mg/L 培养基上不但能形成胚状体,而且胚状体能逐步发育成熟,但随后只有降低培养基中的无机盐浓度,即在 White ＋IAA 0.5mg/L 培养基上,胚状体才能成苗。枣的胚乳胚状体成苗也有类似要求。

与离体培养中其他组织的胚状体发生情况一样,在胚乳愈伤组织培养中,2,4-D 对胚状体的发生有着明显的诱导作用(核桃除外),但对胚状体的发育和萌发却有抑制作用。

第六章　果树的原生质培养与细胞杂交

植物原生质体(protoplast)是指去掉细胞壁的单个生活细胞。早期分离植物原生质体采用机械方法,但此法获得的原生质体产量低,并限于使用成熟的、能进行明显质壁分离的组织,不能从分生组织及其他较幼嫩的组织中分离原生质体,使得原生质体研究发展缓慢。1960年英国诺丁汉大学植物学系Cocking用纤维素酶从番茄幼苗根分离得到原生质体后,相继从许多植物的组织、愈伤组织和悬浮细胞中获得原生质体,推动了植物原生质体研究的发展。1971年,Takebe等首次利用烟草叶片分离出原生质体并获得了再生植株。在果树当中,柑橘原生质体的培养是研究最早、进展最快的树种。落叶果树原生质体的分离最早是在梨属植物上获得成功的。20世纪80年代后期以来,果树原生质体的培养取得了突破性进展,现已在柑橘、苹果、梨、葡萄、猕猴桃等果树上获得了原生质体再生植株。桃和银杏也获得了愈伤组织和胚状体。

在原生质体培养成功的基础上,可以将种间、属间,甚至科间的植物原生质体融合,得到体细胞杂种(somatic hybrid),这对于远缘杂交不亲和的植物实现遗传物质的交流,培育作物新品种有重大的意义。体细胞杂交除了克服有性杂交不育外,供体亲本向受体亲本转移的染色体或染色体片段,对于多基因的导入,特别对于多基因控制的农艺性状改良具有较大的优越性,是目前植物基因工程不能替代的。因此,植物原生质体培养和体细胞杂交的研究仍然在增加生物多样性和改良植物品种中发挥更大的作用。

第一节　原生质体培养

植物原生质体培养首先需要获得产量高、活力强的原生质体,复壁的原生质体经过细胞分裂形成愈伤组织,然后诱导再生植株,其中每一环节都将影响原生质体的培养是否能成功。

一、原生质体的分离与纯化

1. 原生质体的分离

（1）原生质体的分离方法

早期分离原生质体采用的是机械方法。1892年,Klercker最先尝试了用机械方法从高等植物中分离原生质体。当时他所用的方法是,把细胞置于一种高渗的糖溶液中,使细胞发生质壁分离,原生质体收缩为球形,然后用利刀切割,切碎质壁分离的组织,通过质壁分离复原释放出原生质体。用机械法获得的原生质体量很少,而且只能从洋葱球茎、萝卜根、黄瓜果皮和甜菜根等高度液泡化的贮存组织中分离,不适合于原生质体培养的需要。自Cocking(1960)用纤维素酶解离番茄根得到原生质体后,酶解分离法成为获得原生质体的主要途径。然而,进一步的研究是有了商品酶的供应之后。1968年纤维素酶和离析酶投入市场才使得，植物原生质体研究变成一个热门的领域。

1968 年 Takebe 等在用商品化酶分离烟草叶肉原生质体时依次使用了离析酶和纤维素酶，即先用离析酶处理叶片小块，使之释放出单个细胞，然后再以纤维素酶消化掉细胞壁，释放出原生质体。Power 和 Cocking 证实，这两种酶也可以一起使用。"同时处理法"或"一步处理法"比这种"顺序处理法"快，并且缩减了步骤，从而减少了实验过程中污染的可能性。现在，多数研究者都使用这种简化的一步法。

（2）影响原生质体分离的因素

原生质体分离时主要应考虑外植体来源、前处理、分离培养基、酶的种类和浓度、酶的渗透压稳定剂、酶解条件和时间等。

1）外植体来源

生长旺盛、生命力强的组织和细胞是获得高活力原生质体的关键，并影响着原生质体的复壁、分裂、愈伤组织形成乃至植株再生。用于原生质体分离的植物外植体有叶片、叶柄、茎尖、根、子叶、茎段、胚、原球茎、花瓣、叶表皮、愈伤组织和悬浮培养物等。叶肉细胞是常用的材料，因为叶片很容易获得而且能充分供应。取材时，一般用刚展开的幼嫩叶片。另一个分离原生质体的常用材料是愈伤组织或悬浮细胞，采用其作材料可以避免植株生长环境的不良影响，可以常年供应，易于控制新生细胞的年龄，处理时操作方便，无需消毒。选择愈伤组织时应选在固体培养基上具有再生能力的颗粒状胚性愈伤组织。选用悬浮细胞作材料时，需继代培养 3～7d 使细胞处于旺盛生长状态。

2）前处理

材料除非来源于无菌条件，否则都要进行表面消毒。另外，为了保证酶液充分进入组织，可撕去叶片下表皮，如果叶片的下表皮撕不掉或很难撕掉，可把叶片切成小块，如果是其他组织可直接切成小块。为了促进酶液的渗入也可结合真空抽滤。当然在分离原生质体时也可对组织进行适当的前处理，如高渗处理、激素处理、低温处理、激素处理与低温处理结合等方法，以促进原生质体分离和促进细胞分裂。

3）分离培养基

分离植物原生质体的酶液主要由分离培养基、酶和渗透压稳定剂组成。常用的分离培养基主要是 CPW 盐溶液，也有用钙（$CaCl_2 \cdot 2H_2O$）和磷（KH_2PO_4）盐组成的溶液或 1/2 MS 盐溶液等。

4）酶的种类和浓度

分离植物原生质体常用的酶有纤维素酶、半纤维素酶、果胶酶和离析酶，酶解花粉母细胞和四分体小孢子时还要加入蜗牛酶。纤维素酶的作用是降解构成细胞壁的纤维素，果胶酶的作用是降解连接细胞的中胶层，使细胞从组织中分开，以及细胞与细胞分开。植物细胞壁中纤维素、半纤维素和果胶质的组成在不同细胞中各不相同。通常，纤维素占细胞壁干重的 25%～50%，半纤维素约占细胞壁干重的 53%，果胶质一般约占细胞壁的 5%。所以，纤维素酶、果胶酶和半纤维素酶的水平应根据不同植物材料而有所变化。常用的纤维素酶浓度为 1%～3%，果胶酶为 0.1%～0.5%，离析酶为 0.5%～1.0%，半纤维素酶为 0.2%～0.5%。同时，同一植物不同基因型或者不同外植体所用的酶的种类和浓度也不尽相同。一般幼嫩的叶片去壁相对容易，所用的酶浓度也较小，而愈伤组织和悬浮细胞则要求较高的酶浓度。

在配制酶液时通常要加入一些化学物质,以提高酶解效率或增强酶解原生质体的活力。酶液中添加适量的 $CaCl_2 \cdot 2H_2O$、KH_2PO_4 或葡聚糖硫酸钾有利于提高细胞膜的稳定性和原生质体的活力,加入 2,N-氮马啉-乙基磺酸可稳定酶液的 pH,加入牛血清蛋白能够减少酶解过程中细胞器的损伤。另外,酶液配好后不能进行高温高压灭菌,常用 $0.22\mu m$ 或 $0.45\mu m$ 的滤膜过滤灭菌。

5) 酶的渗透压稳定剂

酶液中渗透压对平衡细胞内的渗透压、维持原生质体的完整性和活力有很重要的作用。一般来说,酶液、洗涤液和培养液中的渗透压应高于原生质体内的渗透压,这样会比等渗溶液有利于原生质体的稳定;较高的渗透压可防止原生质体破裂或出芽,但同时也使原生质体收缩并阻碍原生质体再生细胞分裂。广泛使用的渗透压调节剂有甘露醇、山梨醇、蔗糖、葡萄糖和麦芽糖,其浓度为 0.3~0.7mol/L,并随不同植物和细胞类型而有所变化。大多数一年生植物所需要的渗透压稳定剂浓度较低(0.3~0.5mol/L),多年生植物特别是木本植物要求较高浓度的渗透压稳定剂(0.5~0.7mol/L)。

分离原生质体时根据渗透剂的浓度和成分不同,常用的培养基有:CPW13M(CPW 盐＋13％甘露醇)、CPW9M(CPW 盐＋9％甘露醇)、CPW21S(CPW 盐＋21％蔗糖)。

6) 酶解条件和时间

酶处理时间视材料而定,一般为 2~8h,不超过 24h。酶解的温度一般为 23~32℃,酶解的 pH 因使用酶的不同而不一样,一般为 5.6~5.8,过高或过低均不适于原生质体分离。一般而言,分离原生质体的培养时间与温度成反比,温度越高时间越短,但温度不宜过高,高温下短时间分离的原生质体易褐化和破裂,不适于培养。酶处理时一般在暗处培养。叶片分离原生质体可在静置条件下进行,悬浮细胞由于壁厚,培养(分离)过程中间低速震荡有利于酶液的渗透。

2. 原生质体的纯化

当材料酶解完成后,轻轻振动容器或挤压组织使原生质体释放出来。然后将酶解后的混合物穿过一个镍丝网,将较大的组织碎屑过滤掉,得到的就是粗原生质体。粗原生质体溶液除了完整的原生质体,还有亚细胞碎屑,如叶绿体、维管成分及未被消化的细胞和碎裂的原生质体,要把这些杂质滤掉需进一步的纯化,常用的方法有以下 3 种。

(1)沉降法

将镍丝网滤出液置于离心管中,在 75~100g 下离心 2~3min 后,原生质体沉于离心管底部,残渣碎屑悬浮于上清液中,弃去上清液。再把沉淀物悬浮于清洗液中,在 50g 下离心 3~5min 后再悬浮,如此重复 3 次。

(2)漂浮法

根据原生质体来源的不同,利用密度大于原生质体的高渗糖液,离心后使原生质体漂浮其上,残渣碎屑沉于管底。具体做法是,将悬浮在少量酶液或清洗液的原生质体沉淀或碎屑置于离心管内蔗糖溶液(21％)的顶部,在 100g 下离心 10min。碎屑下沉到管底后,一个纯净的原生质体带出现在蔗糖溶液和原生质体悬浮液的界面上。用移液管小心地将原生质体吸出,转入另一个离心管中。如沉降法中一样,再将原生质体清洗 3 次。

（3）界面法

采用两种密度不同的溶液,离心后使完整的原生质体处在两液相的界面。具体做法是,在离心管中依次加入一层溶于培养基中的 500mmol/L 蔗糖,一层溶于培养基中的 140mmol/L 蔗糖和 360mmol/L 山梨醇,最后是一层悬浮在酶液中的原生质体,其中含有 300mmol/L 山梨醇和 100mmol/L CaCl$_2$。经 400g 离心 5min 以后,刚好在蔗糖层之上出现一个纯净的原生质体层,而碎屑则移在管底。

二、原生质体培养

1. 原生质体计数与活力检测

（1）原生质体的计数

与细胞培养中的情况相似,原生质体初始植板密度对植板效率有着显著的影响。原生质体的密度一般为 $10^4 \sim 10^5$ 个/ml。原生质体的计数通常采用细胞计数法。

（2）原生质体的活力检测

原生质体活力受到分离材料、分离方法和操作因素等的影响,这些因素同样影响该原生质体培养。因此,检测原生质体活力有利于选择分离材料、改进分离方法等。检测原生质体活性的方法有观察细胞质环流、氧气摄入量、光合作用活性和活体染色等。常用的活体染色包括伊凡蓝染色和二乙酸荧光素（FDA）染色。其基本原理是生活细胞具有完整的质膜,伊凡蓝不能进入原生质体,只有质膜损伤的原生质体才能被染色。FDA 本身没有荧光和极性,但能透过完整的原生质体膜。FDA 在原生质中被酯酶分解成产生荧光的极性物质荧光素,该化合物不能自由出入原生质体膜,所以有活力的原生质体能产生荧光;无活力的原生质体不能分解 FDA,无荧光产生;活力低的原生质体产生的荧光弱。

2. 原生质体的培养

（1）原生质体培养的条件

一般只要适合植物组织或是细胞培养的培养基,稍微进行修改就可以用来作为原生质体的培养基,许多果树都采用 MS、MT、B$_5$ 或它们的衍生培养基的盐类。

在原生质体培养中,所需维生素和有机物与标准组织培养基中的相同,只是在低密度原生质体培养中需要更多的维生素和氨基酸,低密度原生质体培养理想的培养基配方是 KM8p。原生质体培养中,提高肌醇浓度能明显促进龙葵原生质体生长发育,使细胞第一次分裂率增加 2～3 倍。添加其他有机物也有利于原生质体培养。

植物激素,尤其是生长素和细胞分裂素似乎总是必不可少的。生长素中最常用的是 2,4-D,也有的用 NAA 和 IAA。细胞分裂素中最常用的是 6-BA、KT 和 2-iP。由活跃生长的培养细胞中分离的原生质体要求较高的生长素/细胞分裂素细胞才能分裂,但是由高度分化的细胞,如从叶肉细胞等得到的原生质体,常常要求较高的细胞分裂素/生长素才能进行脱分化。

细胞壁再生前的原生质体和酶解时一样必须有一定的培养基渗透压保护。培养基中的渗透压一般是以 500～600mmol/L 甘露醇或山梨醇来调节。但也有研究证明葡萄糖、果糖、蔗糖具有调节渗透压效果的报道。培养的植物种类不同,渗透压调节剂的种类也不同。

　　培养环境中的温度和光照对原生质体的复壁和细胞分裂都有重要的影响。新分离出来的原生质体应在散射光或黑暗中培养。在某些物种中原生质体对光非常敏感,最初的4～7d应置于完全黑暗中培养。培养5～7d,待完整的细胞壁形成以后,细胞就具有了这种耐光的特性,这时才可以把培养物转移至光下。原生质体培养中有关温度对细胞壁再生和以后分裂活动的研究很少。原生质体的培养一般在25～30℃下进行。

　　(2)原生质体培养方法

　　原生质体培养的主要方法有液体培养、固体培养和固液双层培养等方法。此外,不同学者在上述方法的基础上又发展了一些其他方法,如看护培养、饲喂层培养等。

　　1)液体培养

　　液体培养又分为浅层液体培养和液滴培养,前者是将一定量原生质体悬浮液植板于培养皿或三角瓶中,使之成一薄层。其优点是便于培养物的转移和添加、更换新鲜培养液,缺点是原生质体在培养基中分布不均匀,容易造成局部密度过高或原生质体黏聚而影响原生质体再生细胞的分裂和进一步生长发育。悬滴培养法是将40～50个/ml的原生质体悬浮液滴到培养皿盖内侧,液滴与液滴之间不相接触。该法适用于低密度原生质体培养和筛选培养基成分。

　　2)固体培养

　　固体培养也称琼脂糖平板法或包埋培养法。该培养法是将纯化后的原生质体悬浮液与热熔化后琼脂糖凝胶培养基等量混合,使原生质体比较均匀地包埋于琼脂糖凝胶中进行培养。原生质体与凝胶混合时,凝胶温度不能超过45℃,因此,应该使用低熔点(40℃)的琼脂糖。混合前,原生质体密度和琼脂糖浓度是混合后的2倍。原生质体与琼脂糖混合后,立即植板于培养皿,避免植板时琼脂糖发生凝固。此方法的优点是避免了细胞间有害代谢产物的影响,有利于定点观察;缺点是气体交换受影响。

　　3)固液双层培养

　　固体和液体培养基结合的固液双层培养结合了固体培养和液体浅层培养的优点,其是在培养皿中先铺一薄层琼脂或琼脂糖等凝胶培养基,待培养基凝固后,将原生质体悬浮液植板于固体培养基上。固体培养基中的营养成分可以慢慢地向液体中释放,以补充培养物对营养的消耗,同时可吸收培养物产生的一些有害物质,有利培养物的生长。此外,固体培养基中添加活性炭或可溶性PVP,能更有效地吸附培养物所产生的酚类等有害物质,促进原生质体培养。

　　不同培养方法对原生质体培养的效果不一样,如猕猴桃子叶愈伤组织来源的原生质体用浅层液体培养最好,在琼脂糖包埋中原生质体再生细胞只有几次分裂。但是禾谷类原生质体及木兰科和百合科一些物种的原生质体多用琼脂糖包埋培养。

　　植物原生质体对密度比较敏感,如果低于10^4个/ml可能不分裂,为了解决低密度培养的问题,一些学者在双层培养的基础上发展起来饲喂层培养(feeder layer culture)和看护培养(nurse culture)。饲喂层培养是指原生质体与经射线照射处理不能分裂的同种或不同种原生质体混合后进行包埋培养,或将处理的原生质体包埋在固体层,待培养的原生质体在液体层中培养。这种方法培养的原生质体密度可以比正常的密度低。看护培养也称共培养,是将原生质体与其同种或不同种的植物细胞共同培养以提高其培养效率的一种方法。培养基中的细胞称为看护细胞,可明显提高原生质体再生细胞分裂和再生植株频率。这种培养方法主要用于低密度原生质体培养和难以再生植株的原生质体培养材料。研究表明,这两种培养方法可以提高原生质体的植板效率,其机制可能是饲喂层细胞或看护细胞为待培养的原生质体提供了某些促进生长的物质,也可能是吸收了培养原生质体释放出来的有害物质。

3. 培养原生质体的植株再生

原生质体培养后经过一段时间会再生出细胞壁,原生质体在培养初期仍然为圆球形,随着培养时间的延长,逐渐变为椭圆形,此时表明已经开始再生细胞壁。不同植物原生质体培养再生细胞壁所需时间不一样,从几小时到几天,如落叶松需要 1～2d,柿、树梅、柑橘等需要 4～7d。简单的鉴别细胞壁再生的方法是用荧光增白剂(calcofluor white)进行染色,如果在荧光灯下发出绿色荧光,表明细胞壁再生成功。复壁后的原生质体不断进行分裂,形成多细胞团。此时,应注意加入新鲜培养基,以适应细胞生长的需要。当细胞团进一步发育成为肉眼可见的小愈伤组织时,将愈伤组织及时转入分化培养基中,培养与再生过程同一般的愈伤组织培养,培养的愈伤组织经器官发生途径或胚状体发生途径再生出完整植株。

4. 影响原生质体培养及植株再生的因素

影响植物原生质体培养的因素较多,有原生质体的来源、基因型、培养基和渗透调节剂等。

(1)原生质体来源

分离原生质体所用的外植体,其生理状态和原生质体的质量与后面的分裂有着密切的关系。例如,柑橘原生质体再生研究中原生质体多来自于胚性愈伤组织,而叶肉分离的原生质体至今还没有分化为完整植株的报道。

(2)基因型

研究表明,基因型与原生质体培养及形态分化有一定的关系,同一植物不同基因型的原生质体脱分化与再分化所要求的条件不一样,造成不同品种在相同条件下的再生能力不同。基因型影响原生质体的持续分裂和植株再生的现象已在柑橘、甜菜等作物中观察到。基因型影响原生质体持续分离能力的作用可能与其抗逆性和组织培养分化能力有关。

(3)培养基

即使来源于同一种基因型的原生质体,在不同培养基中的再生能力也不一样。培养基中的无机盐离子对原生质体的培养效果有较大的影响,有报道称 NH_4^+ 抑制马铃薯原生质体的分裂,也有报道称高浓度的 NH_4^+ 对李、杏等植物的原生质体培养不利。

培养基中的内源激素对原生质体的分裂和再生有较大的影响,以美味猕猴桃、毛花猕猴桃子叶愈伤组织为材料,原生质体培养结果表明,高水平内源玉米素核苷和高 ZR/IAA 值有利于原生质体分裂,但高水平的 ABA 却对原生质体的分裂起抑制作用。在猕猴桃和葡萄原生质体培养中,同样发现培养基中加入 NAA 和 6-BA 能够提高原生质体的分裂频率。

(4)渗透调节剂

渗透调节剂对原生质体的分裂具有较大的影响。但渗透压调节剂的种类较多,其作用也不一样,所以要根据培养植物材料的不同选择合适的种类。

第二节　果树的细胞杂交

　　原生质体融合(protoplast fusion),即细胞融合(cell fusion),也称体细胞杂交(somatic hybridization)、超性杂交(parasexual hybridization)或超性融合(parasexual fusion),是指不同种类的原生质体不经过有性阶段,在一定条件下融合,创造杂种的过程。为了与有性杂交区别开来,原生质体融合常常写作"a(+)b",其中 a 和 b 是两个融合亲本,(+)表示体细胞杂交。通过原生质体融合能获得体细胞杂种和细胞质杂种(cybrid)。体细胞杂种与细胞质杂种的区别是,前者具有两亲本的细胞核和细胞质的遗传物质,而后者具有一个亲本的细胞核和另一个亲本或两亲本的细胞质遗传物质。由于有性杂交中细胞质基因组的遗传表现为母性遗传,即杂种植株只具有母本植株的细胞质基因组,无父本的细胞质基因组,体细胞杂交获得的细胞质杂种能实现不同亲本的细胞质基因组的交流,现有研究表明,植物细胞质控制着许多优良的性状,如线粒体控制胞质雄性不育、叶绿体控制抗除草剂特性,通过原生质体融合可以成功地将一方亲本控制的雄性不育和另一亲本控制的抗除草特性综合到同一植物。另外,原生质体融合也可以克服有性杂交的不亲和性和生殖障碍,如一些植物的野生材料具有良好的抗性,但与栽培品种之间存在着杂交不亲和性,通过原生质体融合可以实现有益性状的转移或创造新的种质材料。产生细胞质杂种的原生质体融合又称为细胞质杂交。体细胞杂交或细胞质杂交的一般过程为:原生质体融合、杂种细胞的选择及植株再生、体细胞杂种植株的鉴定和优良农艺性状的遗传稳定性培育。

一、原生质体融合的方法

　　原生质体的融合有自发融合和诱发融合两种,自发融合即酶解细胞壁过程中相邻的原生质体彼此融合形成同核体的过程。来源于分裂旺盛细胞的原生质体,自发融合的频率较高。但人们更多地采用的是理化诱发融合。其中常用的有化学融合与电融合。化学融合中先后使用过的有 $NaNO_3$ 融合、高 pH-高钙融合和聚乙二醇(PEG)诱导的融合方法。目前以 PEG 融合和电融合方法使用较普遍。先后使用这些方法的过程中体现了原生质体融合技术的发展过程。

1. $NaNO_3$ 法

　　$NaNO_3$ 法在原生质体融合中最早使用,Kuster(1909)报道,在一个发生了质壁分离的表皮细胞中,低渗 $NaNO_3$ 溶液引起两个亚原生质体的融合。Power 等(1970)用 0.25mol/L $NaNO_3$ 诱导,使原生质体融合实验能够重复和控制。Carlson 等(1972)利用 $NaNO_3$ 处理获得了第一个体细胞杂种。但是,这个方法的缺点是异核细胞形成频率不高,尤其是在高度液泡化的叶肉原生质体融合时更是如此。因此,后来的原生质体融合中不再使用 $NaNO_3$ 处理。

2. 高 pH-高钙法

　　1973 年,Keller 和 Melchers 首次用 pH 为 10.5(0.05mol/L 甘氨酸-NaOH 缓冲液)

的高浓度钙(50mmol/L $CaCl_2 \cdot 2H_2O$)溶液,在 37℃下处理两个品系的烟草叶肉原生质体,约 30min 后原生质体彼此融合。Melchers 和 Labib(1974)及 Melchers(1977)采用这个方法分别获得烟草属种内和种间的体细胞杂种。对于矮牵牛体细胞杂交来说,采用高 pH-高钙处理获得的体细胞杂种比采用其他化学方法好。现在这个方法已得到了普遍使用,许多种内和种间体细胞杂种都是用这个方法得到的。使用该方法的缺点是高 pH 对有些植物的原生质体系统可能产生毒害。

3. PEG 法

PEG 法是高国楠等(Kao,1974)提出来的。采用 PEG 作为融合剂的优点是,异核体形成的频率很高、重复性好,而且对大多数细胞类型来说毒性很低,因此得到广泛使用。当以 PEG 处理时,大多数原生质体以 2~3 个原生质体团聚的方式紧密黏结在一起,使 PEG 处理后形成的双核相对异核质体的比例较高。PEG 是一种水溶性的高分子多聚体,平均分子质量变化很大,一般选择相对分子质量为 1500~6000 的 PEG,使用浓度为 15%~45%。在原生质体的融合过程中,使用的 PEG 分子质量越大,获得融合产物的比例越高,但对原生质体的毒害也增大,但平均相对分子质量低于 100 的 PEG 却不能诱导原生质体紧密黏结。在一年生植物的原生质体融合中,常使用 PEG 1000、PEG 1500 等低分子质量的 PEG,而对多年生植物来说,使用 PEG6000 等较高分子质量的 PEG。

植物原生质体表面带负电荷,这阻止了原生质体之间接触,使之不能发生融合。目前 PEG 诱导原生质体融合的机制并不十分清楚。Kao 等认为,带微弱极性负电荷的 PEG 能与水、蛋白质和碳水化合物等具有正电荷基团的分子形成氢键,当 PEG 分子链足够大时,其能在邻近原生质体表面之间起分子桥的作用,引起原生质体紧紧黏结在一起。

1976 年 Kao 等发现用高浓度的强碱清洗 PEG 诱导后的原生质体时,融合频率得到了进一步的提高,因而发展起来了高 pH-高钙-PEG 法,这实际上就是高 pH-高钙法与 PEG 法的结合。现在这种方法被用于很多植物的原生质体融合中,是迄今为止最为成功的化学方法。其可能的机制是,Ca^{2+} 在蛋白质或磷脂负电荷基团和 PEG 之间形成桥,加强原生质体之间的黏结作用。

PEG 诱导原生质体融合的频率受原生质体的质量和密度、处理时间的长短、pH 和融合剂附加物质等因素的影响,如在 PEG 溶液中加入二甲基亚砜,可显著提高融合频率,加入链霉蛋白对融合也有促进作用。除 PEG 外,还有一些化学诱导剂被用于原生质体融合,如聚乙酸乙烯酯、聚乙烯吡咯烷酮、葡萄糖和藻酸钠等。PEG 诱导融合的不足是,操作较为繁琐,且融合率偏低,提高 PEG 的浓度或者延长诱导时间可提高融合率,却影响原生质体的活力。

4. 电融合

电融合是 20 世纪 70 年代末 80 年代初开始发展起来的一项新的融合技术,其优点是操作简单、迅速,效率高,并且对原生质体不产生毒害。电融合法有微电极法和双向电泳法,现在许多实验室广泛采用的是双向电泳法。该电融合是依靠细胞融合仪与融合板进行,融合板的融合小室两端装有平行的电极。电融合可以分为两步,第一步将一定密度的原生质体悬浮液置于融合板的融合小室中,第二步启动单波发生器,使融合小室处于低电压和交流电场,导致原生质体彼此靠近并在 2 个电极间排列成念珠状,这个过程需要的时间很短。当原生质体完全排列成念珠状后,启动直流电脉冲发生器,给以瞬间的高压直流电脉冲($0.125\sim1.000kV/cm$)。高压直流电诱导原生质体接触部位的质膜发生可逆性击穿而导致融合,随后质膜重组并恢复成完整状态。从原生质体放入融合小室到结束,整个电融合过程可以在5min内完成。该方法的基本原理是在高频、不均匀交流电场作用下,原生质体的两极电场强度不一致使其表面电荷偶极化,从而使原生质体沿电场线运动,相互接触排成珍珠串,当施加直流方波脉冲电场时,相接触的原生质体发生可逆性击穿,最终导致融合。

用这种方法获得的融合产物多数来自2个或3个细胞。影响电融合操作的物理参数有交变电流的强弱、电脉冲的大小及脉冲期宽度与间隔,这些参数随不同来源的原生质体而有所改变。目前,电融合产生体细胞杂种的频率最高。

5. 微融合

微融合应包括两种:一种是所说的一对一融合;另一种是原生质体与亚原生质体融合。Koop 等(1983)首先在烟草原生质体中进行一对一融合,而全部自动化一对一融合方式是由 Schweiger 等于 1987 年建立的。这种融合方式因为需要自动化,所以主要由电场诱导,现在也有采用 PEG 诱导成对原生质体融合的报道。将异源原生质体成对地固定在微滴培养基中,微融合的产物要采用微培养方法。采用微融合的优点是:①融合频率高;②可以用于原生质体产量低的材料间融合;③可以准确追踪融合过程和融合后的发育过程,有利于开展细胞生物学研究;④不需融合亲本原生质体具有选择性标记,省去了杂种选择程序。除了一对一融合外,微融合还可以用于多个原生质体的先后或同时融合。

微融合用于原生质体与亚原生质体融合具有更大的优势,因为后者在制备过程中常常混杂有原生质体,由于融合是一个随机的过程,混杂在亚原生质体中的原生质体也会融合,因此,使原生质体与亚原生质体融合再生杂种后代的频率下降,而采用微融合则可以解决此问题。

二、原生质体融合的方式

原生质体融合方式主要有对称融合、非对称融合、配子-体细胞融合和亚原生质体-原生质体融合等几种方式。

1. 对称融合

对称融合也称为标准化融合,是亲本原生质体在融合前未进行任何处理的一种融合方式。目前开展的原生质体融合试验中大部分是对称融合,这种融合方式在获得农艺性状互补的体细胞杂种方面有一定的优势,如枳抗柑橘速衰病但不抗柑橘裂皮病,红橘抗柑橘裂皮病但不抗柑橘速衰病,二者的融合体可以综合这两种抗性,获得既抗柑橘速衰病又抗柑橘裂皮病。但由于它综合了双亲的全部性状,在导入有利性状的同时,也不可避免地带入了一些不利性状。尤其是远缘组合中,由于存在着一定程度的体细胞不亲和性,使得杂种植株的表现并不是预期的那么理想。

2. 非对称融合

在融合前,对一方原生质体进行射线照射处理,以钝化其细胞核;另一方原生质体不处理或经化学试剂(如碘乙酰胺、碘乙酸、罗丹明 6-G 等)处理,前者通常称为供体(donor),后者则称为受体(recipient),所以也称供-受体融合(donor-recipient fusion)。

（1）供体处理

对供体进行处理的目的主要是造成染色体的断裂和片段化,从而使供体染色体进入到受体后部分或全部丢失,达到转移部分遗传物质或只转移细胞质的目的。此外,当供体原生质体受到的辐射剂量达到一定值时,不能分裂,也就不能再生细胞团,从而能够减少再生后代的筛选工作。目前,对供体的处理有以下几种方法:射线(X、γ和UV)辐射原生质体;限制性内切酶处理原生质体;纺锤体毒素、染色体浓缩剂处理原生质体等。但从这几种方法对原生质体的效果来看,射线的作用最好。绝大部分情况下,被辐射的供体材料为原生质体。原生质体辐射后,用洗涤液洗1～2次就可以用于融合。但也有一些研究者用愈伤组织或悬浮细胞作为辐射的材料,再用它们分离原生质体。有的研究者还将愈伤组织放在酶液中,分离原生质体时进行辐射。还有研究者将离体培养的小植株作为辐射材料,从辐射的小植株上取小叶片分离原生质体。由于原生质体是去除细胞壁的活细胞,而愈伤组织和悬浮细胞是多细胞组成的细胞团,这几种材料中,辐射原生质体的效果最好。

（2）受体的处理

为了减少融合再生后代的筛选工作,研究者利用一些代谢抑制剂处理受体原生质体以抑制其分裂。常用的抑制剂有碘乙酸(iodoacetic acid,IA)、碘乙酰胺(iodoacetamide,IOA)和罗丹明6-G(rhodamine 6-G,R-6-G)。受IA、R-6-G和IOA处理的细胞和未受代谢抑制剂处理的细胞发生融合后,代谢上就会得到互补,从而能够正常地生长。

尽管在对称融合中对供体原生质体不采用上述处理,但由于诸多因素的影响,在原生质体对称融合后的细胞培养中,也发现有染色体自发丢失从而得到非对称杂种或胞质杂种等自发非对称现象。因此,对称融合和非对称融合再生的体细胞杂种均能获得对称杂种、非对称杂种和胞质杂种3种情况。对称杂种(symmetric hybrid)是指杂种中具有融合双亲全部的核遗传物质;非对称杂种(asymmetric hybrid)是指双亲或其中一方的核遗传物质出现丢失;胞质杂种是非对称杂种的一种,指融合一方的核遗传物质出现完全丢失,并且具有双亲的细胞质遗传物质。此外,还有一类杂种称异质杂种(alloplasmic hybrid),是指杂种的细胞核来源于一方,而细胞质来源于另一方。

3. 配子-体细胞融合

花粉原生质体具有单倍体和原生质体的双重优点,可以为植物细胞工程提供新的实验体系。自1972年从烟草四分体得到原生质体以来,在20世纪70年代开展了很多相关研究,涉及花粉发育各个时期的原生质体的分离和培养。分离到花粉原生质体的植物也很多,配子体原生质体的获得为开展配子-体细胞原生质体融合奠定了基础。迄今为止,已在烟草属、矮牵牛属、芸薹属、柑橘属等作物中开展了配子-体细胞原生质体融合的研究,其中所用的配子原生质体有四分体原生质体、幼嫩花粉原生质体、成熟花粉原生质体。四分体原生质体用于融合具有独特的优点,因为它本身不能再生,所以可以减少杂种细胞的筛选。开展配子-体细胞融合的目的主要是获得三倍体材料,以便获得无籽新种质。

4. 亚原生质体-原生质体融合

亚原生质体主要有小原生质体(miniprotoplast,具备完整细胞核但只含部分细胞质)、胞质体(cytoplast,无细胞核,只有细胞质)和微小原生质体(microprotoplast,只有 1 条或几条染色体的原生质体)3 种类型。其中用得最多的是胞质体和微小原生质体。微小原生质体主要采用化学药剂处理结合高速离心获得,微小原生质体与原生质体融合,能得到高度非对称杂种。胞质体与原生质体融合可以得到胞质杂种,实现细胞器的转移。由于胞质体只具有细胞质而不含核物质,因而被认为是理想的胞质因子供体,"胞质体-原生质体"融合也被认为是获得胞质杂种、转移胞质因子最为有效的方法。

三、体细胞杂种的筛选

原生质体融合产生的体细胞杂种可以从杂种细胞到杂种植株过程中的各个阶段进行选择和鉴定。将体细胞杂种与未融合的、同源融合的亲本细胞区分开,是选择和鉴定体细胞杂种的关键步骤,也是体细胞杂交技术的重要环节之一。下列是体细胞杂种研究中使用的几种选择方法。

1. 形态选择

形态选择依靠融合产物及其再生植株是否具有两亲本形态特征进行选择,是最基本的选择方法。体细胞杂种的形态主要有两种,一是居于双亲之间,表现为双亲的中间形态特征;另一种是与亲本之一相同,这在胞质杂种或非对称杂种中较为常见。

2. 互补选择筛选

(1) 培养基互补成分选择

培养基互补成分选择是利用或诱发各种缺陷型或抗性细胞系,通过选择培养基将互补的杂种细胞选出来。Hamill(1983)通过有性杂交的方法,将硝酸盐还原酶缺陷的突变体与链霉素抗性突变体综合在一个突变系中,建立了同时具有显、隐性突变的烟草双突变体。它可以与任何一种无选择标记的原生质体融合,利用亲本对链霉素敏感及双突变体特殊的营养需要(如需要还原氮)来选择。当融合产物培养于含氮源为氧化氮和链霉素的培养基上时,能继续分裂生长的细胞就是杂种细胞,因两亲本均不能在这种培养基上生长。除了构成双突变体的隐性性状是硝酸盐还原酶缺陷、显性性状是链霉素抗性外,还有抗 5-甲基色氨酸、抗卡那霉素等。配合转基因技术,将卡那霉素抗性基因和潮霉素基因等分别导入亲本,作为选择标记,原生质体融合后很容易通过在培养基中添加抗生素筛选出杂种细胞和植株。

(2) 细胞代谢互补选择

细胞代谢互补选择是用物理和化学方法分别处理亲本原生质体,使其细胞核失活或细胞质生理功能被抑制而不能分裂,融合后得到的杂种细胞由于生理功能互补,恢复正常的代谢活动,从而能够在培养基上正常生长。常用的物理和化学因子有 X 射线、γ 射线、碘乙酸、碘乙酰胺和罗丹明 6-G 等。X 射线等处理一亲本原生质体时会使其细胞核失活,而一定浓度的 R-6-G 抑制另一亲本线粒体中葡萄糖的氧化磷酸化过程,导致未融合原生质体或同源融合物不能进行生长和细胞分裂。分别用 IOA 和 R-6-G 处理亲本原生质体,同样能通过细胞代谢互补选择杂种细胞。此外,如果一亲本原生质体不能分裂或具有不能再生植株等性状,只需用化学试剂处理一个亲本,就能达到选择体细胞杂种的目的。

四、体细胞杂种的鉴定

1. 形态学鉴定

杂种植株的叶形、叶面绒毛、叶缘、叶色、株高、花色、花形和植物生长习性等都是体细胞杂种的鉴定指标。体细胞杂种的形态有居于双亲之间的,如粗柠檬和哈姆林甜橙的体细胞杂种花的颜色体现了两者的特征;有与亲本之一形态相同的,这种杂种在胞质杂种或非对称杂种中较为常见。远缘体细胞杂种,尤其是有性杂交不亲和的组合,杂种形态变化较多,有亲本形、居中形、变异形等几种。

2. 细胞学鉴定

细胞学鉴定主要是观察染色体的核型,染色体的形态差异和进行染色体计数。如果融合亲本在染色体形态上差别较大,则可通过细胞学方法容易地将体细胞杂种鉴别开。但有的植物染色体差别不大,则不容易鉴别开。就染色体的数量来说,在对称融合中,体细胞杂种染色体数量一般为双亲之和,但也有例外。如在柑橘和澳洲指橘的对称融合后代中,体细胞杂种染色体数均比双亲之和少。

3. 生化和分子生物学

生化和分子生物学鉴定是在以上各种选择基础上进行的。同工酶是基因表达的产物,在聚丙烯酰胺或淀粉凝胶电泳中会出现迁移率的差异,并且相对来说较为稳定。利用同工酶鉴定体细胞杂种已在茄属、柑橘、苜蓿、胡萝卜等作物中应用;用于鉴定体细胞杂种的同工酶有酸性磷酸酶、酯酶、淀粉酶、过氧化物酶、苹果酸脱氢酶、乳酸脱氢酶、谷氨酸转氨酶、乙醇脱氢酶、磷酸葡萄糖异构酶、磷酸葡萄糖变位酶和谷氨酸草酰乙酸转氨酶等。分子生物学方法有限制性内切酶片段长度多态性(RFLP)、随机扩增多态性 DNA(RAPD)分析等。综合利用不同的方法是鉴定体细胞杂种的有效手段,对于对称体细胞杂种来说,同工酶、RFLP 与 RAPD 图谱等均能表现出亲本不同的特征带。利用细胞质基因组的 DNA 序列作探针,可用于分析 cpDNA 和 mtDNA 的遗传特征。

五、体细胞杂种的遗传

1. 体细胞杂种的核遗传

（1）对称融合中核遗传

由于存在不同程度的体细胞不亲和性,原生质体对称融合得到的异核体发育有 5 种不同的途径:第 1 种是双亲的核能够同步分裂,并导致融合,最终形成的是具有双亲染色体的体细胞杂种(染色体为双亲染色体之和,再生体细胞杂种常常是稳定的双二倍体),这种途径主要是亲缘关系较近的组合;第 2 种是双亲核能同步分裂并且发生融合,但融合后出现了染色体的丢失,形成的体细胞杂种只具有双亲的部分遗传物质,得到的是非对称杂种;第 3 种是双亲的核不能融合,中间产生新膜形成细胞,这样一来,再生的植株就会出现分离,得到的材料可能是体细胞杂种(胞质杂种或异质杂种),也可能是亲本原生质体再生体;第 4 种是两个亲本的核不能融合,形成多核体,仍为体细胞杂种,并且染色体数为双亲之和,但可能发生了染色体重组或重排;第 5 种是亲本的核不能融合,其中一方的核被排除,得到的植株为胞质杂种或异质杂种,这种现象在柑橘原生质体融合中发生较多。以二倍体与二倍体对称融合为例,得到的杂种倍性变化较大,可能是二倍体、三倍体、四倍体、五倍体、六倍体杂种植株,也可能是非整倍体杂种,如柑橘二倍体间融合再生植株有二倍体、三倍体、四倍体和六倍体。

（2）非对称融合中核遗传

非对称融合中,供体由于受到射线或其他处理,染色体会发生一定的丢失。染色体丢失是非对称融合的核心问题,不同报道中供体染色体丢失的情况不一样,有些研究中发现非对称杂种中供体植株的染色体丢失非常严重,有的报道则称可以保留很多染色体。除了供体的染色体丢失外,在一些融合试验中也发现有受体染色体丢失的情况。到目前为止,关于染色体丢失的根本原因尚未完全清楚,但可以肯定的是辐射的剂量、融合亲本的亲缘关系远近及融合亲本原生质体所处的细胞周期等都与细胞核中染色体的丢失有关。当然染色体的丢失也与材料的基因型和生理状态有关。现在有一种倾向性认识,认为融合双亲在亲缘关系上的远近比辐射剂量对染色体丢失的影响更大。亲缘关系越远,染色体丢失就越严重,能得到大量高度非对称杂种;亲缘关系越近,非对称杂种中可保留供体的大部分基因组。高度非对称可能是正常细胞分裂、器官分化和植株再生的前提。因而在有些组合中,只有当供体染色体丢失较多时,才能获得杂种植株。融合亲本的倍性也是影响染色体丢失的一个因子。有研究表明,不同倍性的原生质体融合更容易丢失染色体。

2. 体细胞杂种胞质的遗传

体细胞杂种和胞质杂种都具有杂合的细胞质基因。细胞质基因组有叶绿体基因（cpDNA）和线粒体基因（mtDNA）,来自不同亲本的 cpDNA 和 mtDNA 也因双亲亲缘关系、供体亲本辐射处理强度等影响而表现不同遗传类型。

（1）体细胞杂种中叶绿体的遗传

cpDNA 遗传有随机分离和非随机分离两种遗传类型,很少有 cpDNA 重组的类型。随机分离出现在双亲亲缘关系较近的杂种中,非随机分离则相反。如脐橙和 Murcott 橘分别为柑橘属的甜橙和宽皮橘两个种,系统演化研究认为甜橙是以宽皮橘为亲本之一的杂交种,两者亲缘关系较近。脐橙和 Murcott 橘的 16 个体细胞杂种中,cpDNA 分离比例为 9 : 7,符合 1 : 1 分离的理论值（Kobayachi 等,1991）。此外,叶绿体的分离类型与射线照射剂量有关,辐射剂量越大,非随机分离的程度越高。亲本原生质体的生理状态和融合培养条件也是影响分离类型的因素。

（2）体细胞杂种中线粒体的遗传

对于体细胞杂种 mtDNA 来说,主要遗传特征是重组 mtDNA 的出现,也有关于 mtDNA 非随机分离的个别报道,如番茄种间杂种全为一个亲本的 mtDNA（Bonnema 等,1991）。mtDNA 的重组程度也与双亲亲缘关系有关。

值得提出的是,体细胞杂种或胞质杂种中出现细胞质雄性不育性状的杂种植株,其线粒体基因组均是重组类型。

在同一杂交组合中,叶绿体和线粒体基因组的遗传是多样化的。叶绿体分离在体细胞杂种中是稳定的,但重组 mtDNA 具有不稳定性。

　　综上所述,不同组合中体细胞杂种的遗传特征有很大差别,核基因和胞质基因在体细胞杂种中的遗传特征各不相同,杂交方法和双亲亲缘关系影响体细胞杂种遗传和变异。所以,在弄清体细胞杂种遗传规律的前提下,把体细胞杂交和常规育种程序结合,能更有效地改良和培育具有优良农艺性状的新品种。

第七章　果树的分子标记辅助育种

　　分子标记辅助育种是利用与目标性状基因紧密连锁的 DNA 分子标记对目标性状进行间接选择的一种现代育种方法。

　　长期以来,植物育种选择都是基于植株的表型性状进行的,当性状的遗传基础较为简单或即使较为复杂但表现加性基因遗传效应时,表型选择是有效的。但果树的许多重要农艺性状多为数量性状,如产量等,或多基因控制的质量性状,如抗性等,或表型难以准确鉴定的性状,如根系活力等。此时根据表型提供的对性状遗传潜力的度量是不确切的,因而选择是低效的。遗传育种家很早就提出了利用标记进行辅助选择以加速育种改良进程的设想。形态学标记等常规遗传标记是最早用于植物育种辅助选择的标记,但由于它们数量少、遗传稳定性差,且常常与不良性状连锁,利用受到很大限制。近十年来,分子生物学技术的发展为植物育种提供了一种基于 DNA 变异的新型遗传标记——DNA 分子标记,或简称分子标记。与传统应用的常规遗传标记相比,分子标记具有许多明显的优点,该方法是对基因型进行直接选择,与通过表现型间接对基因型进行选择的传统育种方法相比较,它不受环境影响,不受等位基因显隐性关系的干扰,结果可靠;此外,它对目标基因的转移可在育种早期进行选择,从而大大缩短了育种周期,因而已被广泛应用于现代作物遗传育种研究的各个方面,大量以前无法进行的研究目前正利用分子标记手段蓬勃开展,并取得丰硕的成果。分子标记辅助育种已成为植物分子育种的一个重要组成部分。

第一节　分子标记概述

一、分子标记的发展

　　标记育种是利用与目标性状基因紧密连锁的遗传标记,对目标性状进行跟踪选择的一项育种技术。与育种有关的遗传标记主要有 4 种类型:形态标记(morphological marker)、细胞标记(cytological markers)、生化标记(biochemical marker)和分子标记(molecular marker)。但由于形态标记数目有限,而且许多标记对育种家来说是不利性状,难以广泛应用。细胞标记主要依靠染色体核型和带型,数目有限。同工酶标记在过去的二三十年中得到了广泛的发展与应用。作为基因表达的产物,其结构上的多样性在一定程度上能反映生物 DNA 组成上的差异和生物遗传多样性。但由于其为基因表达加工后的产物,仅是 DNA 全部多态性的一部分,而且其特异性易受环境条件和发育时期的影响,此外同工酶标记的数量有限,不能满足育种需要。近年来,分子生物学的发展为植物遗传标记提供了一种基于 DNA 变异的新技术手段,即分子标记技术。

二、分子标记的优越性

　　分子标记具有许多明显的优越性:①直接以 DNA 的形式表现,在生物体的各个组织、各个发育阶段均可检测到,不受季节、环境限制,不存在表达与否等问题;②数量极多,遍布整个基因组,可检测座位几乎无限;③多态性高,自然界存在许多等位变异,无需人为创造;④表现为中性,不影响目标性状的表达;⑤许多标记表现为共显性的特点,能区别纯合体和杂合体。分子标记已广泛用于植物分子遗传图谱的构建、植物遗传多样性分析与种质鉴定、重要农艺性状基因定位与图位克隆、转基因植物鉴定、分子标记辅助育种选择等方面。

第二节　分子标记的类型及特点

从 1980 年遗传学家 Botstein 首次提出以 DNA 限制性片段长度多态性作为遗传标记的思想到 1985 年 PCR 技术诞生至今,已经发展了十几种分子标记,大致可分为三大类。第一类是以分子杂交为核心的分子标记技术;第二类是以聚合酶链反应为核心的分子标记技术;第三类是基于 DNA 芯片技术的一些新型的分子标记。

一、基于分子杂交的分子标记

基于分子杂交的分子标记利用限制性内切酶酶切不同生物体的 DNA 分子,然后用特异探针进行 Southern 杂交,通过放射性自显影或非同位素显色技术揭示 DNA 的多态性,主要有限制性片段长度多态性标记(restriction fragment length polymorphism,RFLP)等。

1. 限制性片段长度多态性标记(RFLP)

限制性片段长度多态性标记,简称 RFLP,是出现最早,应用最广泛的 DNA 标记技术之一。植物基因组 DNA 上的碱基替换、插入、缺失或重复等,造成某种限制性内切酶(restriction enzymes,RE)酶切位点的增加或丧失,这是产生限制性片段长度多态性的原因。对每个 DNA/RE 组合而言,所产生的片段是特异性的,它可作为某一 DNA 所特有的"指纹"。某一生物基因组 DNA 经限制性内切酶消化后,能产生数百条 DNA 片段,通过琼脂糖凝胶电泳可将这些片段按大小顺序分离,然后将它们按原来的顺序和位置转移至易于操作的尼龙膜或硝酸纤维膜上,用放射性同位素(如 ^{32}P)或非放射性物质(如生物素、地高辛等)标记的 DNA 作为探针,与膜上的 DNA 进行杂交,若某一位置上的 DNA 酶切片段与探针序列相似,或者同源程度较高,则标记好的探针就会结合在这个位置上。经放射自显影或酶学检测后,即可显示出不同材料对该探针的限制性片段多态性情况。对于线粒体和叶绿体等相对较小的 DNA 分子,通过合适的限制性内切酶酶切,电泳分析后有可能直接检测出 DNA 片段的差异,就不需 Southern 杂交。

RFLP 非常稳定,它是一种共显性标记,在分离群体中可区分纯合体与杂合体,提供标记位点完整的遗传信息。但 RFLP 分析的探针,必须是单拷贝或寡拷贝的,否则,杂交结果不能显示清晰可辨的带型,表型为弥散状,不易进行观察分析。RFLP 探针主要有 3 种来源,即 cDNA 克隆、植物基因组克隆和 PCR 克隆。多种农作物的 RFLP 分子遗传图谱已经建成。但其分析所需 DNA 量较大,步骤较多,周期长,制备探针及检测中要用到放射性同位素,尽管可用非放射性同位素标记方法代替,但成本高、成功率低,且实验检测步骤较多,依然影响其使用和推广,因此人们正致力于将 RFLP 转化为 PCR 标记,便于育种等的利用。

作物中大多数重要的农艺性状如产量、成熟期、抗旱性等属于数量性状,是由多个位点共同决定的,这些位点称为数量性状位点(quantitative trait loci,QTL),这些性状易受外界环境条件影响,因此选择效果不佳;以前由于缺乏有效的遗传标记,影响了数量性状研究的进展,也影响了育种效率。近年来,由于分子标记技术的发展,人们已可能将复杂的数量性状进行分解,像研究质量性状一样对控制数量性状的多个基因分别进行研究,因为 RFLP 具有中性、共显性、准确性和广布于整个基因组等特征,所以十分适宜用于对数量性状进行遗传分析。

通过 RFLP 标记 QTL,辅助选择数量性状有利基因型,可大大提高数量性状育种效率。通过有利纯合子的聚合,选育高产常规品种,其基本策略是:①筛选一系列高产代表性品种和若干低产代表性品种;②以低产品种为共同亲本,分别与各高产品种杂交;③在杂交后代分离群体中测定与 QTL 共分离的分子标记;④高产品种相互杂交,多代自交,建立高产育种群体;⑤根据综合农艺性状初筛育种群体,淘汰劣株(株系);⑥应用 QTL 分子标记,辅助选择累积了有利等位基因的纯系;⑦入选品系参加产量和生产性试验。通过有利纯合子和有利杂合子的聚合选育高产杂交组合,其基本策略是:①挑选强优 F_1 杂交组合,用相应的保持系(B)与恢复系(R)杂交;②F_1 自交产生 F_2 群体,进行 QTL 定位分析,明确各 QTL 的效应;③不育系(A)与恢复系(R)杂交,F_1 多代自交,建立高世代育种群体;④初筛育种群体,选择表现优良的纯系;⑤应用 QTL 分子标记辅助选育积累了有利等位基因的纯系,用作候选恢复系,与原不育系配制杂种,选育更优良的杂交种;⑥也可同时选育优良纯系作为常规新品种。

2. DNA 指纹图谱

真核生物基因组中存在着许多非编码的重复序列,按其在 DNA 分子上分布的方式,可分为散布重复序列和串联重复序列,而串联重复序列又根据重复单位大小不同可分为:①小卫星序列,重复单元核心序列含有 6～70bp,中间无间隔,总长度一般小于 1kb;②微卫星序列,或称简单重复序列(simple sequence repeats,SSR),重复单元为 1～6bp。

小卫星和微卫星 DNA 分布于整个基因组的不同位点。由于重复单位的大小和序列不同及拷贝数不同从而构成丰富的多态性。在基因组多态性分析上,可采用数目可变串联重复多态性(variable number of tandem repeats,VNTR)标记技术区别这些小卫星或微卫星序列的差异。VNTR 基本原理与 RFLP 大致相同,只是对限制性内切酶和 DNA 探针有特殊要求,限制性内切酶酶切位点必须不在重复序列中,以保证小卫星或微卫星序列的完整性。另外,内切酶在基因组的其他部位有较多酶切位点,则可使卫星序列所在片段含有较少无关序列,通过电泳可充分显示不同长度重复序列片段的多态性。分子杂交所用 DNA 探针核苷酸序列必须是小卫星序列或微卫星序列,通过分子杂交和放射自显影后,就可一次性检测到众多小卫星或微卫星位点,得到个体特异性的 DNA 指纹图谱。VNTR 一次检测到的基因座位数可达几十个,同 RFLP 标记一样,VNTR 实验操作程序繁琐,检测时间长,成本耗费较高。

二、基于 PCR 技术的分子标记

PCR 技术的特异性取决于引物与模板 DNA 的特异性结合,按照引物类型可分为:①单引物 PCR 标记,其多态性来源于单个随机引物作用下扩增产物长度或序列的变异,包括随机扩增多态性 DNA 标记(random amplified polymorphic DNA,RAPD)、简单重复序列中间区域标记(inter-simple sequence repeats polymorphisms,ISSR)等技术;②双引物选择性扩增的 PCR 标记,主要通过引物 3′端碱基的变化获得多态性,这种标记主要是扩增片段长度多态性标记(amplified fragment length polymorphism,AFLP);③基于特异双引物 PCR 的标记,如简单系列重复标记(simple sequence repeats,SSR)、序列特征化扩增区域(sequence characterized amplified region,SCAR)和序标签(sequence-tagged site,STS)等。

1. 随机扩增多态性 DNA 标记(RAPD)

RAPD 由 Williams 等于 1990 年创立,是以 DNA 聚合酶链反应为基础而提出来的。所谓 RAPD 标记是用随机排列的寡聚脱氧核苷酸单链引物(一般 10 个碱基)通过 PCR 扩增染色体组中的 DNA 所获得的长度不同的多态性 DNA 片段。非定点地扩增基因组 DNA,然后用凝胶电泳分开扩增片段。遗传材料的基因组 DNA 如果在特定引物结合区域发生 DNA 片段插入、缺失或碱基突变,就有可能导致引物结合位点的分布发生相应的变化,导致 PCR 产物增加、缺少或发生分子质量变化。若 PCR 产物增加或缺少,则产生 RAPD 标记。

RAPD 原理同 PCR 技术,但又有别于常规的 PCR 反应,主要表现在以下几点。①引物:常规的 PCR 反应所用的是一对引物,长度通常为 20bp(碱基对)左右;RAPD 所用的引物为一个,长度仅为 10bp。②反应条件:常规的 PCR 退火温度较高,一般为 55~60℃,而 RAPD 的退火温度仅为 36℃左右。③扩增产物:常规 PCR 产物为特异扩增的结果,而 RAPD 产物为随机扩增的结果。这样 RAPD 反应在最初反应周期中,由于短的随机单引物,低的退火温度,一方面保证了核苷酸引物与模板的稳定配对;另一方面因引物中碱基的随机排列而又允许适当的错配,从而扩大引物在基因组 DNA 中配对的随机性,提高了基因组 DNA 分析的效率。与 RAPD 相似的还有 AP-PCR(arbitrarily primed polymerase chain reaction)。AP-PCR 指在 PCR 反应中使用的引物长度与一般 PCR 反应中的引物相当,但在反应开始阶段退火温度较低,允许大量错配,因此可引发随机的扩增。一般在 AP-PCR 反应中应用放射标记,其产物在聚丙烯酰胺凝胶上分离,然后通过放射自显影,检测其多态性。

RAPD 标记的主要特点是:①不需 DNA 探针,设计引物也无需知道序列信息;②显性遗传(极少数共显性),不能鉴别杂合子和纯合子;③技术简便,不涉及分子杂交和放射性自显影等技术;④DNA 样品需要量少,引物价格便宜,一套引物可以用于不同作物,建立一套不同作物标准指纹图谱,成本较低;⑤实验重复性较差,RAPD 标记的实验条件摸索和引物的选择是十分关键而艰巨的工作,以确定每个物种的最佳反应体系程序包括模板 DNA、引物、Mg^{2+}、dNTP 浓度等,实验条件的标准化,可以提高 RAPD 标记的再现性。

2. 简单重复系列标记(SSR)

生物基因组内有一种短的重复次数不同的核心序列,他们在生物体内多态性水平极高,一般称为可变数目串联重复序列(VNTR),VNTR标记包括小卫星和微卫星标记两种,微卫星标记即简单重复系列标记(SSR),其串联重复的核心序列为 $1 \sim 6bp$,其中最常见是双核苷酸重复,即 $(CA)_n$、$(TG)_n$ 和 $(GGC)_n$ 等重复。每个微卫星DNA的核心序列结构相同,重复单位数目为 $10 \sim 60$ 个,其高度多态性主要来源于串联数目的不同。SSR标记的基本原理:根据微卫星序列两端互补序列设计引物,通过PCR反应扩增微卫星片段,由于核心序列串联重复,将扩增产物进行凝胶电泳,根据分离片段的大小决定基因型并计算等位基因频率。由于单个微卫星位点重复单元在数量上的变异,个体的扩增产物在长度上的变化就产生长度的多态性,这一多态性称为简单序列重复长度多态性(SSLP),每一扩增位点就代表了这一位点的一对等位基因。

建立SSR标记必须克隆足够数量的SSR并进行测序,设计相应的PCR引物,其一般程序为:①建立基因组DNA的质粒文库;②根据欲得到的SSR类型设计并合成寡聚核苷酸探针,通过菌落杂交筛选所需重组克隆,如欲获得 $(AT)_n/(TA)_n$ SSR则可合成 $G(AT)_n$ 作探针,通过菌落原位杂交从文库中筛选阳性克隆;③对阳性克隆DNA插入序列测序;④根据SSR两侧序列设计并合成引物;⑤以待研究的植物DNA为模板,用合成的引物进行PCR扩增反应;⑥高浓度琼脂糖凝胶、非变性或变性聚丙烯酰胺凝胶电泳检测多态性。

SSR标记的检测是依据其两侧特定的引物进行PCR扩增,因此是基于全基因组DNA扩增其微卫星区域,检测到的一般是一个单一的复等位基因位点,其主要特点有:①数量丰富,广泛分布于整个基因组;②具有较多的等位性变异;③共显性标记,可鉴别出杂合子和纯合子;④实验重复性好,结果可靠;⑤创建新的标记时需知道重复序列两端的序列信息,可以在其他种的DNA数据库中查询,但更多的是必须针对每个染色体座位的微卫星,从其基因组文库中发现可用的克隆,进行测序,以其两端的单拷贝序列设计引物,因此其开发有一定困难,费用也较高。

3. 简单重复序列中间区域标记(ISSR)

简单重复序列中间区域标记(ISSR)是在SSR标记基础上开发的分子标记,是用两个相邻SSR区域内的引物去扩增它们中间单拷贝序列,通过电泳检测其扩增产物的多态性。引物设计采用2个核苷酸、3个核苷酸或4个核苷酸序列为基元,以其不同重复次数再加上几个非重复的锚定碱基组成随机引物,从而保证引物与基因组DNA中SSR的 $5'$ 或 $3'$ 端结合,通过PCR反应扩增两个SSR之间的DNA片段,如 $(AC)_nX$,$(TG)_nX$,$(ATG)_nX$,$(CTC)_nX$,$(GAA)_nX$ 等(X代表非重复的锚定碱基)。由于ISSR标记不像RFLP标记一样步骤繁琐,且不需同位素标记,针对重复序列含量高的物种,利用ISSR法可与RFLP、RAPD等分子标记相媲美。它对填充遗传连锁图上大的不饱和区段,富集有用的理想标记具有重要意义。

4. 扩增片段长度多态性标记(AFLP)

扩增片段长度多态性标记(AFLP)是对限制性酶切片段的选择性扩增,又称基于PCR的RFLP。AFLP首先对基因组DNA进行双酶切,其中一种为酶切频率较高的限制性内切酶;另一种为酶切频率较低的酶,其中酶切频率较高的限制性内切酶消化基因组

DNA 是为了产生易于扩增的,且可在测序胶上能较好分离出大小合适的短 DNA 片段；然后再消化基因组 DNA 是限制用于扩增的模板片段的数量。AFLP 扩增数量是由酶切频率较低的限制性内切酶在基因组中的酶切位点数量决定的。将酶切片段和含有与其黏性末端相同的人工接头连接,连接后的接头序列及临近内切酶的识别位点就作为以后 PCR 反应的引物结合位点,通过选择在末端分别添加 1~3 个选择性碱基的不同引物,选择性地识别具有特异配对顺序的酶切片段并与之结合,从而实现特异性扩增,最后用变性聚丙烯酰胺凝胶电泳分离扩增产物。

AFLP 分析的基本步骤可概括为：①将基因组 DNA 同时用 2 种限制性核酸内切酶进行双酶切后,形成分子质量大小不等的随机限制性片段,在这些 DNA 片段两端连接上特定的寡核苷酸接头；②通过接头序列和 PCR 引物 $3'$ 端的识别,对限制性片段进行选择扩增。一般 PCR 引物用同位素^{32}P 或^{33}P 标记；③聚丙烯酰胺凝胶电泳分离特异扩增限制性片段；④将电泳后的凝胶转移到滤纸上,经干胶仪进行干胶处理；⑤在 X 光片上感光,数日后冲洗胶片并进行结果分析。为避免 AFLP 分析中的同位素操作,目前已发展了 AFLP 荧光标记、银染等新的检测扩增产物的手段。

AFLP 技术结合了 RFLP 稳定性和 PCR 技术高效性的优点,不需要预先知道 DNA 序列的信息,因而可以用于任何动植物的基因组研究。其多态性远远超过其他分子标记,利用放射性同位素在变性的聚丙烯酰胺凝胶上电泳可检测到 50~100 条 AFLP 扩增产物,一次 PCR 反应可以同时检测多个遗传位点,因此,AFLP 被认为是指纹图谱技术中多态性最丰富的一项技术。其标记多数具有共显性、无复等位效应等优点,表现孟德尔方式遗传；但分析成本高,对 DNA 的纯度及内切酶质量要求也比较高。

5. 序列特异扩增区域标记(SCAR)

序列特征化扩增区域标记(SCAR)是在 RAPD 技术基础上发展起来的。由于 RAPD 的稳定性较差,为了提高 RAPD 标记的稳定性,在对基因组 DNA 作 RAPD 分析后,将目标 RAPD 片段进行克隆并对其末端测序,根据 RAPD 片段两端序列设计长为 18~24bp 的特定引物,一般引物前 10 个碱基包括原来的 RAPD 扩增的所有引物。多态性片段克隆之前首先应从凝胶上回收该片段,由于 *Taq* 酶可使 PCR 产物 $3'$ 端带上 A 尾巴,人工设计的克隆载体 $5'$ 端有 1 个突出的 T 碱基,这样可使 PCR 产物高效地克隆到载体上。以此引物对基因组 DNA 片段再进行 PCR 特异扩增,这样就可把与原 RAPD 片段相对应的单一位点鉴别出来。SCAR 比其他利用随机引物的方法在基因定位和作图上的应用更大,具有更高的重现性。SCAR 标记是共显性遗传的,待检 DNA 间的差异可直接通过有无扩增产物来显示,这甚至可省却电泳的步骤。

6. 序标签(STS)

序标签(STS)是序列标签位点的简称。它是指基因组中长度为 200~500bp,且核苷酸顺序已知的单拷贝序列,可采用 PCR 技术将其专一扩增出来。STS 引物获得主要来自 RFLP 单拷贝的探针序列,微卫星序列。其中,最富信息和多态性的 STS 标记应该是扩增含有微卫星重复顺序的 DNA 区域所获得的 STS 标记。

迄今为止,STS 引物的设计主要依据单拷贝的 RFLP 探针,根据已知 RFLP 探针两端序列,设计合适的引物,进行 PCR 扩增。与 RFLP 相比,STS 标记最大的优势在于不需要保存探针克隆等活体物质,只需从有关数据库中调出其相关信息即可。STS 标记表现共显性遗传,很容易在不同组合的遗传图谱间进行标记转移,且是沟通植物遗传图谱和物理图谱的中介,它的实用价值很具吸引力。但是,与 SSR 标记一样,STS 标记的开发依赖于序列分析及引物合成,成本较高。国际上已开始收集 STS 信息,并建立起相应的信息库,以便于各国同行随时调用。

7. 单链构象多态性(SSCP)

前面提及的各种分子标记都是借助凝胶电泳检测双链 DNA 片段是否在长度上表现出多态性,从而寻找标记。对在长度上没有差异但在序列组成发生变化的 DNA 片段(如点突变引起),不能通过一般的凝胶电泳予以区别。单链构象多态性(single strand conformational polymorphism,SSCP)是在一种不同的电泳分离技术基础上,提示这种相同 DNA 长度含不同碱基序列组成的 DNA 片段的多态性。其基本原理是:在琼脂糖凝胶和中性聚丙烯酰胺凝胶中电泳,且双链 DNA 片段的电泳迁移率同样也依赖于 DNA 链的长短。但单链 DNA 片段呈复杂的空间折叠构象,这种立体结构主要是由其内部碱基配对等分子内相互作用力来维持的,当有一个碱基发生改变时,会或多或少地影响其空间构象,使构象发生改变,空间构象有差异的单链 DNA 分子在聚丙烯酰胺凝胶中受排阻大小不同,因此,通过非变性聚丙烯酰胺凝胶电泳(PAGE),可以非常敏锐地将构象上有差异的分子分离开。

将 SSCP 用于检查 PCR 扩增产物的基因突变,从而建立了 PCR-SSCP 技术。其基本步骤是:①PCR 扩增靶 DNA;②将特异的 PCR 扩增产物变性,而后快速复性,使之成为具有一定空间结构的单链 DNA 分子;③将适量的单链 DNA 进行非变性聚丙烯酰胺凝胶电泳;④最后通过放射性自显影、银染或溴化乙锭显色分析结果。若发现单链 DNA 带迁移率与正常对照的相比发生改变,就可以判定该链构象发生改变,进而推断该 DNA 片段中有碱基突变。该方法简便、快速、灵敏,不需要特殊的仪器,适合植物等实验的需要。但它也有不足之处,例如,只能作为一种突变检测方法,要最后确定突变的位置和类型,还需进一步测序;电泳条件要求较严格;另外,由于 SSCP 是依据点突变引起单链 DNA 分子立体构象的改变来实现电泳分离的,这样就可能会出现当某些位置的点突变对单链 DNA 分子立体构象的改变不起作用或作用很小时,再加上其他条件的影响,使聚丙烯酰胺凝胶电泳无法分辨造成漏检。尽管如此该方法和其他方法相比仍有较高的检测率。

8. 相关序列扩增多态性(SRAP)

相关序列扩增多态性(sequence-related amplified polymorphism,SRAP)是一种新型的基于 PCR 的标记系统,由美国加州大学蔬菜作物系 Li 与 Quiros 博士于 2001 年提出,又称基于序列扩增多态性(sequence-based amplified polymorphism,SBAP)。它是一种无需任何序列信息即可直接 PCR 扩增的新型分子标记技术,它针对基因外显子里 GC 含量丰富而启动子和内含子里 AT 含量丰富的特点来设计引物进行扩增,因不同个体的内含子、启动子与间隔区长度不等而产生多态性。

SRAP 技术的基本原理是通过一对引物对开放性可读框进行扩增,分为正向引物和反向引物。正向引物长 17bp,5′端的前 10bp 是一段填充序列,无任何特异组成,接着是 CCGG 序列,这 4bp 组成核心序列,随后为 3′端的选择性碱基,正向引物对外显子进行扩增。反向引物的组成与正向引物类似，区别在于反向引物长 18bp，填充序列为 11bp，接着是特异序列 AATT，它们组成核心序列，3′端仍然为 3 个选择性碱基，反向引物对内含子区域和启动子区域进行扩增，因内含子、启动子和间隔序列在不同物种甚至不同个体间变异很大，从而与正向引物搭配扩增出基于内含子和外显子的 SRAP 多态性标记。

其基本步骤为：①SRAP 标记的引物设计；②SRAP-PCR 扩增；③凝胶电泳分析；扩增反应结束后，扩增产物在变性的 6% 的聚丙烯酰胺凝胶上电泳；④扩增产物检测与片段测序。

SRAP 的特点，首先是操作简便，它使用长 17～18bp 的引物及变化的退火温度，保证了扩增结果的稳定性。通过改变 3′端 3 个选择性碱基可得到更多的引物，同时由于正向引物和反向引物可以自由组配，用少量的引物可进行多种组合，大大减少了合成引物的费用，同时也大大提高了引物的使用效率。其次，在设计引物时正反引物分别是针对序列相对保守的外显子与变异大的内含子、启动子与间隔序列，因此，多数 SRAP 标记在基因组中分布是均匀的，约 20% 为共显性；能够比较容易地分离目的标记并测序，高频率的共显性及在基因组中均匀分布的特性将使其优于 AFLP 标记而成为一个构建遗传图谱的良好标记体系。SRAP 标记测序显示多数标记为外显子区域，测序还表明 SRAP 多态性产生于两个方面：因为小的插入与缺失导致片段大小改变，而产生共显性标记；核苷酸改变影响引物的结合位点，导致产生显性标记。

9. 酶切扩增多态性序列（CAPS）

酶切扩增多态性序列（cleaved amplified polymorphism sequences，CAPS）又称为 PCR-RFLP，它实质上是 PCR 技术与 RFLP 技术结合的一种方法。CAPS 的基本原理是利用已知位点的 DNA 序列资源设计出一套特异性的 PCR 引物（19～27bp），然后用这些引物扩增该位点上的某一 DNA 片段，接着用一种专一性的限制性内切酶切割所得扩增产物，凝胶电泳分离酶切片段，染色，观察其多态性。其优点是：①引物与限制酶组合非常多，增加了揭示多态性的机会，而且操作简便，可用琼脂糖凝胶电泳分析；②在真核生物中，CAPS 标记呈共显性；③所需 DNA 量少；④结果稳定可靠；⑤操作简便、快捷、自动化程度高。

三、基于基因芯片等的分子标记

1. 单核苷酸多态性（SNP）

单核苷酸多态性（single nucleotide polymorphism，SNP）主要是指在基因组水平上由单个核苷酸的变异所引起的 DNA 序列多态性。从分子水平上对单个核苷酸的差异进行检测，SNP 标记可帮助区分两个个体遗传物质的差异。检测 SNP 的最佳方法是 DNA 芯片技术。SNP 被称为第三代 DNA 分子标记技术，随着 DNA 芯片技术的发展，其有望成为最重要、最有效的分子标记技术。

理论上讲，SNP 既可能是二等位多态性，也可能是 3 个或 4 个等位多态性，但实际上，后两者非常少见，几乎可以忽略。因此，通常所说的 SNP 都是二等位多态性的。这种变异可能是转换或颠换造成的。转换的发生率总是明显高于其他几种变异，具有转换型变异的 SNP 约占 2/3，其他几种变异的发生概率相似。

归纳起来,SNP 的研究主要包括两个方面:①SNP 数据库的构建,主要目的是发现特定种类生物基因组的全部或部分 SNP;②SNP 功能的研究。大规模 SNP 数据库构建只是基因组序列分析中心可以胜任的工作,常规实验室是不太可能进行该项工作的。但应该注意到,发现 SNP 只是 SNP 研究的第一步,而 SNP 功能的研究才是 SNP 研究的目的。染色体 DNA 特定区域 SNP 的功能研究是很多分子和遗传学实验室可以进行的工作。特定 DNA 区域的特定 SNP 在特定群体的序列验证和频率分析及 SNP 与特定生理或病理状态关系的研究是 SNP 研究的主要方面。

SNP 的特点如下:①SNP 数量多,分布广泛。②SNP 适于快速、规模化筛查。组成DNA 的碱基虽然有 4 种,但 SNP 一般只有两种碱基组成,所以它是一种二态的标记,即双等位基因(biallelic)。由于 SNP 的二态性,非此即彼,在基因组筛选中 SNPs 往往只需+/-的分析,而不用分析片段的长度,这就利于发展自动化技术筛选或检测 SNPs。③SNP等位基因频率容易估计。采用混合样本估算等位基因的频率是一种高效快速的策略。该策略的原理是:首先选择参考样本制作标准曲线,然后将待测的混合样本与标准曲线进行比较,根据所得信号的比例确定混合样本中各种等位基因的频率。④易于基因分型。SNPs 的二态性也有利于对其进行基因分型。

2. 表达序列标签(EST)

表达序列标签(expressed sequence tags,EST)是指通过对 cDNA 文库随机挑取的克隆进行大规模测序所获得的 cDNA 的 5′或 3′端序列,长度一般为 150~500bp。自从美国科学家 Craig Venter 首先提出 EST 计划以来,随着 EST 计划在不同物种间的不断扩展和深入研究,数据库中已积累了大量的 EST。EST 资源库的不断扩增极大地方便和加快了生命科学领域的研究,也为利用这些数据来开发 EST 分子标记奠定了基础。

EST 标记是根据 EST 本身的差异而建立的分子标记。根据开发的方法不同,EST标记可分为 4 类:①EST-PCR 和 EST-SSR(微卫星),这一类以 PCR 技术为核心,操作简便、经济,是目前研究和应用最多的一类;②EST-SNP(单核苷酸多态性),它是以特定EST 区段内单个核苷酸差异为基础的标记,可依托杂交、PCR 等多种手段进行检测;③EST-AFLP,它是以限制性内切酶技术和 PCR 相结合为基础的标记;④EST-RFLP,它是以限制性内切酶和分子杂交为依托,以 EST 本身作为探针,与经过不同限制性内切酶消化后的基因组 DNA 杂交而产生的。

EST 标记技术的研究主要集中在开发和建立上,其基本步骤有 3 个:①EST 数据的取得与前期处理,主要是从数据库中查询获取一些低质量片段(<100bp),同时存在带有少量载体序列及末端存在的 Poly(A/T)"尾巴"的序列,可利用 EST-trimmer 和 cross-match 软件分别去除"尾巴"和屏蔽载体序列。② EST 聚类:EST 是随机选取测序的,因此导致同一基因重复测序的冗余现象。所以可以通过一些软件进行拼接和聚类来去除这些冗余的 EST,以避免针对同一基因位点标记的重复建立而造成人力物力的浪费。但对于 EST-SNP 的开发,聚类的目的并非剔除冗余 EST,而是为得到多序列聚类簇,可用于发掘单位点的多态性。③ 各类 EST 标记的开发,主要包括信息收集,相关软件处理或探针的制备,PCR 片段或杂交结果的分析。

EST 标记除具有一般分子标记的特点外,还有其特殊优势:①信息量大,如果发现一个 EST 标记与某一性状连锁,那么该 EST 就可能与控制此性状的基因相关;②通用性好,由于 EST 来自转录区,其保守性较高,具较好的通用性,这在亲缘物种之间校正基因组连锁图谱和比较作图方面有很高的利用价值;③开发简单、快捷、费用低,尤其是以 PCR 为基础的 EST 标记。

第三节 分子标记在果树育种中的应用

一、分子遗传图谱的构建

长期以来,各种生物的遗传图谱几乎都是根据诸如形态、生理和生化等常规标记来构建的,所建成的遗传图谱仅限少数种类的生物,而且图谱分辨率大多很低、图距大、饱和度低,因而应用价值有限。分子标记用于遗传图谱构建是遗传学领域的重大进展之一,随着新的标记技术的发展,生物遗传图谱名单上的新成员将不断增加,图谱上标记的密度也将越来越高。高密度分子遗传图谱的绘制使一些植物的遗传学研究取得了重大进展,并对分子标记辅助育种选择技术的发展产生了巨大的推动作用。

构建遗传连锁图通常采用 F_2 群体和 BC_1 群体。但果树多为多年生异交植物,已有的 F_2 群体比较有限。其解决方法是将双亲均为杂合体的 F_1 群体看作 2 个 BC_1 群体,即“双假测交”。所谓“假测交”,是因为杂交中无纯合隐性亲本存在;所谓“双”是因为两个亲本各将对方当作隐性亲本,就像两个测交群体一样。其遗传学根据是双亲均为高度杂合的个体,一个亲本的许多杂合位点在另一亲本中呈纯隐性或为杂合位点,这些位点在 F_1 中分离,分离比例(A_:aa)为 1:1 或 3:1。依“双假测交”理论可以构建双亲的两张连锁图谱,再利用双亲共同的杂合位点将两个连锁图合二为一。

目前,通过分子标记人们已经在苹果、葡萄、桃、樱桃、柑橘、核桃等树种上建立了遗传连锁图谱。

二、品种鉴定与分类

果树中存在许多天然杂种,有些品种是经实生选种或采用混合花粉杂交选育而成的,遗传背景较为复杂,传统的依靠形态标记、细胞标记及生化标记的分类方法存在许多争议,对一些品种或类型无法判断其亲本。分子标记可以解决这方面的问题。使用分子标记获得物种间 DNA 水平的多态性资料,可以了解它们的主要遗传物质、DNA 之间的同源程度,从而确定它们的进化地位和亲缘关系。

Dunemann 等通过 RAPD 指纹图谱分析,为栽培苹果起源于普通苹果和森林苹果的观点提供了新证据。Fabbri 对分布于地中海的 17 个油橄榄品种用 40 个随机引物扩增,得到 RAPD 资料经聚类分析将 17 个品种分为小果型和大果型两类,这一结果与形态学分类相一致。林伯年等通过对杨梅属 24 个材料进行 RAPD 分析,构建了新的系谱树状图,认为根据形态学确立的系谱关系需进一步研究。彭建营等利用 RAPD 技术分析认为:‘永城长红’与‘葫芦长红’和‘躺枣’亲缘关系较近;河北龙枣与山东龙枣为同物异名,由长红枣演化而来;山西龙枣与河北龙枣(山东龙枣)亲缘关系较远,故推测龙枣的起源为多元。马兵钢等利用 RAPD 技术研究了新疆主要梨 18 个品种间的亲缘关系,认为杂种'新梨 1 号'与'杨山梨'、杂种'新梨 6 号'与'香梨'、杂种'早酥梨'与'苹果梨'分别并类,'库尔勒香梨'归属于新疆梨。

　　Fjelletiom 对加利福尼亚核桃及其收集的世界种质进行 RFLP 分析,认为可将其分为两个主要驯化群,其中加利福尼亚与法国欧洲中部伊朗种质资源关系较近。王涛等利用 AFLP 分析了 2 个重要苹果砧木间的亲缘关系,聚类分析表明苹果属中的两个亚属的砧木被分别聚成两个大组,即花揪苹果亚属大组和真苹果亚属大组。此外 AFLP 还被用于李和芒果的遗传关系研究中。

　　总之,分子标记技术在分析系谱关系、理顺分类地位、评价亲缘关系、类群间的系统发育关系中发挥着重要的作用。

三、种质资源的保存

　　种质资源的收集和保存是遗传育种工作的基础。果树具有种质资源丰富,品种多样的特点,但遗传资源的长期保存需要消耗巨大的人力物力。为了尽可能降低消耗,Franket(1984)与 Brown(1989)提出了核心种质的概念。利用核心种质(利用最小的群体来保存最完整的遗传信息)理论来长期保存种质资源,要求不但对种质的农艺性状进行研究,还要研究它们的遗传变异,以避免重复、减少缺失。Mcferson 认为分子标记可以用于核心种质的确定。Hokanson 等用 SSR 结合园艺性状建立了苹果的核心种质。核心种质的提出可解决丰富的遗传资源材料的保存、评价、鉴定及利用带来的困难,并有利于管理、收集、种质创新及资源的深层次研究。

四、重要农艺性状相关基因的定位

　　目前已完成了重要作物的大量控制农艺性状表现的主基因的定位工作,如抗病性、抗虫性、育性等为开展这些基因的分子育种奠定了基础。尤为重要的是分子标记技术为数量遗传、易受环境条件影响的重要农艺性状的 QTL 定位提供了有效手段,目前涉及 QTL 图谱绘制及大量复杂的数据统计、分析、运算工作已有多个配套的计算机软件被开发出来。QTL 的定位使得控制数量性状的多基因被转变成一个个独立的"主基因",便于进行遗传操作,这无疑有利于对产量、生育期等性状的定向改良。

　　Dirlewanger 等用以 AFLP 为主的 3 种标记对控制桃果实品质的 QTLs 进行了定位,分析了果实鲜重、颜色、pH、可溶性糖和有机酸的 QTLs 并找到了除果实颜色以外,其他所有果实成分的 QTLs。Gimitter 等对柑橘的抗盐和抗寒的 QTLs 进行了定位。

五、分子标记辅助选择

　　选择是育种的重要环节,传统育种对目标性状多采用直接选择的方法,但作物的许多农艺性状不容易观测或易受环境影响,表现不稳定,直接选择比较困难。而在完成基因的分子标记定位后,就可以通过连锁标记对这些性状进行间接选择,从而提高它们的选择效率。与传统选择相比,分子标记辅助选择有许多显著的优点,主要体现在:①可以清除同一座位不同等位基因间或不同座位间互作的干扰,消除环境的影响；②在幼苗阶段就可以对在成熟期表达的性状进行鉴定，如果实性状、雄性不育等；③可有效地对一些表型鉴定比较困难的性状进行鉴定，如抗病性、根部性状等；④共显性标记可区分纯合体和杂合体，不需下代再鉴定；⑤可同时对多个性状进行选择，开展聚合育种，快速完成对多个目标性状的同时改良；⑥加速回交育种进程，克服不良性状连锁，有利于导入远缘优良基因。

分子标记辅助选择在果树育种中主要应用于杂交亲本的选配，杂种实生苗的早期鉴定选择，染色体片段的去向追踪，遗传转化中目的基因的检测，雌雄异株果树幼苗的鉴定，多种抗病性状的同时筛选等方面。田义轲等将苹果柱型基因（Co）的 AFLP 标记转化为 SCAR 标记，发现该标记对苹果柱型性状检测的准确率达 90% 以上，可用于柱型苗木的早期鉴定及柱型苹果杂交育种中对群体材料的早期选择。对于雌雄异株的果树来说，不同性别的果树具有不同的经济价值，但童期长，性别分化和性别表现较迟，给果树性别的早期鉴定带来了很大困难。Hormaza 应用 RAPD 标记对阿月浑子实生苗进行了早期性别的鉴定选择。张立平等利用 RAPD 技术分析雌雄异株葡萄的多态性。张潞生等利用 AFLP 技术对中华猕猴桃雌雄集群和 12 株雌雄个体进行了分析，检出了一条仅存在于雌性猕猴桃的特异性条带。

六、重要农艺性状的图位克隆

图位克隆（map-based cloning）又称定位克隆（positional cloning），1986 年首先由剑桥大学的 Alan Coulson 提出。用该方法分离基因是根据功能基因在基因组中都有相对较稳定的基因座，在利用分离群体的遗传连锁分析或染色体异常将基因定位于染色体的一个具体位置的基础上，通过构建高密度的分子连锁图，找到与目的基因紧密连锁的分子标记，不断缩小候选区域进而克隆该基因，并阐明其功能和疾病的生化机制，是随着分子标记遗传图谱的相继建立和基因分子定位而发展起来的一种新的基因克隆技术。利用分子标记辅助的图位克隆无需事先知道基因的序列，也不必了解基因的表达产物，就可以直接克隆基因。图位克隆是最为通用的基因识别途径，至少在理论上适用于一切基因。基因组研究提供的高密度遗传图谱、大尺寸物理图谱、大片段基因组文库和基因组全序列，已为图位克隆的广泛应用铺平了道路。

定位克隆技术主要包括以下 6 个步骤：①筛选与目标基因连锁的分子标记。利用目标基因的近等基因系或分离群体分组分析法进行连锁分析，筛选出目标基因所在局部区域的分子标记。②构建并筛选含有大量插入片段的基因组文库。常用的载体有柯斯质粒（cosmid），酵母人工染色体（YAC）及 P1、BAC、PAC 等几种以细菌为寄主的载体系统。用于目标基因连锁的分子标记为探针筛选基因组文库，得到阳性克隆。③构建目的基因区域跨叠克隆群（contig）。以阳性克隆的末端作为探针基因组文库，并进行染色体步移，直到获得具有目标基因两侧分子标记的大片段跨叠群。④目的基因区域的精细作图。通过整合已有的遗传图谱和寻找新的分子标记，提高目的基因区域遗传图谱和物理图谱的密度。⑤目的基因的精细定位和染色体登陆。利用侧翼分子标记分析和混合样品作图精确定位目的基因。接着以目标基因两侧的分子标记为探针通过染色体登陆获得含目标基因的阳性克隆。⑥外显子的分离、鉴定。阳性克隆中可能含有多个候选基因。用筛选 cDNA 文库,外显子捕捉和 cDNA 直选法等技术找到这些候选基因,再进行共分离,利用时空表达特点,同源性比较等分析确定目标基因。当然,最直接的证明是进行功能互补实验。

第八章　转基因果树

第一节　基因工程的工具

一、植物基因工程所需要的载体

在基因工程中,载体(vector)是指携带外源目的基因进入宿主细胞进行扩增和表达的工具。从 20 世纪 70 年代中期开始,许多载体应运而生,主要有质粒载体、病毒载体和人工染色体载体等。根据功能的不同,分为克隆载体和表达载体。以繁殖 DNA 片段为目的的载体通常称为克隆载体(cloning vector)。理想的克隆载体应具备下列条件:①能自我复制,并能带动插入的外源基因一起复制;②具有合适的限制性内切酶位点;③具有合适的筛选标记基因,如抗药性基因等;④在细胞内拷贝数要多;⑤载体的相对分子质量要小,可以容纳较大的外源 DNA 插入片段;⑥在细胞内稳定性高,可以保证重组体稳定传代而不易丢失;⑦载体必须安全,不应含有对受体细胞有害的基因,并且不会转入到除受体细胞以外的其他生物细胞,特别是人的细胞。表达载体(expression vector)是用将克隆到的外源性基因转移到宿主细胞内并进行表达的载体。表达载体又分胞内表达载体和分泌表达载体。根据表达所用的受体细胞不同,可分为原核细胞表达载体和真核细胞表达载体。表达载体必须具有很强的启动子和很强的终止子,且启动子必须是受控制的,只有当被诱导时才能进行转录,表达载体的 mRNA 还必须具有翻译起始信号,既 AUG 和 SD 序列,另外还应具备复制起点和灵活的酶切位点。

1. 质粒载体

(1) 质粒的基本性质

质粒是基因工程的主要载体。质粒(plasmid)是染色体以外的遗传物质,绝大多数是双链闭合环状 DNA 分子,其大小为 1~200kb。质粒主要存在于细菌、放线菌和真菌细胞中,具有自主复制和转录能力,能在子代细胞中保持恒定的拷贝数。质粒的复制和转录要依赖于宿主细胞编码的某些酶和蛋白质,如果离开宿主细胞则不能存活,而宿主即使没有它们也可以正常存活。虽然质粒对细胞的生存没有影响,且 DNA 仅占细胞染色体组的 1%~3%,但质粒 DNA 上的一些编码基因,包括抗生素抗性基因、降解复杂有机物的酶基因、大肠杆菌素基因等,使宿主细胞获得了一些特性。

质粒 DNA 分子中如果两条链都是完整的环,这种质粒 DNA 分子称为共价闭合环状 DNA(covalently closed circular, CCC DNA)。如果质粒 DNA 中有一条链是不完整的,那么就称为开环 DNA 的(open circles,OC DNA),开环的 DNA 通常是由内切酶或机械剪切造成的。如果两条链都被切开就形成线形 DNA(L DNA)。从细胞中提取质粒时,质粒 DNA 常常会转变成超螺旋的构型。它们在琼脂糖凝胶电泳中的迁移率也不同,CCC DNA 的泳动速度最快,OC DNA 泳动速度最慢,L DNA 居中,所以很容易通过凝胶电泳和 EB 染色的方法将不同构型的 DNA 分别开来。

根据质粒的拷贝数将质粒分为松弛型质粒(relaxed plasmid)和严紧型质粒(strin-gent plasmid)。质粒拷贝数(plasmid copy numbers)是细胞中单一质粒的份数同染色体数之比值,常用质粒数/每染色体来表示。不同的质粒在宿主细胞中的拷贝数不同。松弛型质粒的复制只受本身的遗传结构的控制,而不受染色体复制机制的制约,因而有较多的拷贝数,通常可达 10～15 个/每染色体,而且可以在氯霉素作用下进行扩增,有的质粒扩增后,可达到 3000 个/每染色体,像 ColE1,可由 24 个达到 1000 至 3000 个。这类质粒多半是分子质量较小,不具传递能力的质粒。基因工程中使用的多是松弛型质粒。严紧型质粒在寄主细胞内的复制除了受本身复制机制的控制外,还受染色体的严紧控制,因此拷贝数较少,一般只有 1～2 个/染色体,如 F 因子,这种质粒一般不能用氯霉素进行扩增。严紧型质粒多数是具有自我传递能力的大质粒。

(2)质粒载体的构建

质粒载体是在天然质粒的基础上为适应实验室操作进行人工构建的一种载体。与天然质粒相比,质粒载体通常带有一个或一个以上的选择性标记基因(如抗生素抗性基因)和一个人工合成的含有多个限制性内切酶识别位点的多克隆位点序列,并去掉了大部分非必需序列,使分子质量尽可能减少,以便于基因工程操作。大多质粒载体带有一些多用途的辅助序列,这些用途包括通过组织化学方法肉眼鉴定重组克隆、产生用于序列测定的单链 DNA、体外转录外源 DNA 序列、鉴定片段的插入方向、外源基因的大量表达等。下面介绍几种重要的大肠杆菌质粒载体。

1)pBR322 质粒载体

pBR322 质粒是目前在基因克隆中广泛使用的一种大肠杆菌质粒载体。pBR322 质粒是由 3 个不同来源的部分组成:第 1 部分来源于质粒 R1drd19 易位子 Tn3 的氨苄青霉素抗性基因(Amp^r);第 2 部分来源于 pSC101 质粒的四环素抗性基因(Tet^r);第 3 部分则来源于 ColE1 的派生质粒 pMB1 的 DNA 复制起点(ori)。在 pBR322 质粒载体的构建过程中,一个重要目标是缩小基因组的大小,移去一些对基因克隆载体无关紧要的 DNA 片段和限制酶识别位点。构建出的 pBR322 质粒具有较小的分子质量,为 4363bp,具有两种抗生素抗性基因可供作转化子的选择记号。pBR322 DNA 分子内具有多个限制酶识别位点,外源 DNA 的插入某些位点会导致抗生素抗性基因失活,利用质粒 DNA 编码的抗生素抗性基因的插入失活效应,可以有效地检测重组体质粒。此质粒还具有较高的拷贝数,而且经过氯霉素扩增之后,每个细胞中可累积 1000～3000 个拷贝。这就为重组 DNA 的制备提供了极大的方便。

2)pUC 质粒载体

pUC 质粒载体是在 pBR322 质粒载体的基础上,在其 5′端插入了一个带有多克隆位点的 lacZ′基因,而发展成为具有双功能检测特性的新型质粒载体系列。

典型的 pUC 系列的质粒载体,包括如下 4 个组成部分:①来自 pBR322 质粒的复制起点(ori);②氨苄青霉素抗性基因(Amp^r),但它的 DNA 核苷酸序列已经发生了变化,不再含有原来的核酸内切限制酶的单识别位点;③大肠杆菌 β-半乳糖酶基因(lacZ)的启动子及其编码 α-肽链的 DNA 序列,此结构特称为 lacZ′基因;④位于 lacZ′基因中的靠近 5′端的一段多克隆位点(MCS)区段,但它并不破坏该基因的功能。

与 pBR322 质粒相比,pUC 质粒载体具有更小的分子质量和更高的拷贝数,如 pUC8 为 2750bp,pUC18 为 2686bp,平均每个细胞 pUC8 质粒即可达 500～700 个拷贝。pUC 质粒结构中具有来自大肠杆菌 lac 操纵子的 *lacZ'* 基因,所编码的 α-肽链可参与 α-互补作用。因此,在应用 pUC 质粒为载体的重组实验中,可用 Xgal 显色的组织化学方法一步实现对重组体转化子克隆的鉴定。具有多克隆位点 MCS 区段的 pUC8 质粒载体具有与 M13mp8 噬菌体载体相同的多克隆位点 MCS 区段,它可以在这两类载体系列之间来回"穿梭"。因此克隆在 MCS 当中的外源 DNA 片段,可以方便地从 pUC8 质粒载体转移到 M13mp8 载体上,进行克隆序列的核苷酸测序工作。同时,也正是由于具有 MCS 序列,可以使具有两种不同黏性末端(如 *Eco*R I 和 *Bam*H I)的外源 DNA 片段,无需借助其他操作而直接克隆到 pUC8 质粒载体上。

3) Ti 质粒载体

Ti 质粒是存在于根瘤土壤杆菌(*Agrobacterium tumefaciens*)中决定冠瘿病的一种质粒,即诱发寄主植物产生肿瘤的质粒(tumor-inducing plasmid)。而在发根土壤杆菌(*A. rhizogenes*)中,决定毛根症的质粒称为 Ri 质粒,即诱发寄主植物产生毛根的质粒(root-inducing plasmid)。

1958 年,Braun 提出了植物肿瘤诱导因子说,用以解释冠瘿病诱导的机制,而且还推测这种因子可能是一种染色体外的遗传成分。1974 年,Zaenen 等用实验证明,这种因子实质上是一种存在于根瘤土壤杆菌细胞中的巨大的致瘤质粒,土壤杆菌的致瘤能力正是由于这种质粒的存在造成的。在植物的肿瘤中,无论是 Ti 质粒还是 Ri 质粒都是属于接合型的质粒,因而具有感染性。Ti 质粒 DNA 分子质量相当大,为 150～200kb。迄今为止,已经准确地测定了相当一部分 Ti 质粒 DNA 的限制片段的大小及顺序,并且建立了相应的限制图谱。

Ti 质粒可分为 4 个区:T-DNA 区、Vir 区、Con 区和 Ori 区。T-DNA 即转移 DNA,是整合在植物细胞核基因组上的,决定植物形成冠瘿瘤的一段 DNA 片段。T-DNA 占 Ti 质粒 DNA 总长度的 10% 左右,T-DNA 上有 3 套基因,其中 2 套基因分别控制合成植物生长素与细胞分裂素,促使植物创伤组织无限制地生长与分裂,形成冠瘿瘤。第 3 套基因合成冠瘿碱,冠瘿碱有 4 种类型:章鱼碱(octopine)、胭脂碱(nopaline)、农杆碱(agropine)、琥珀碱(succinamopine),是农杆菌生长必需的物质。显而易见,根瘤土壤杆菌通过 Ti 质粒的转化作用实现了植物基因的遗传转化,所以 Ti 质粒可以作为植物基因工程的载体。Vir 区上的基因能激活 T-DNA 转移,使农杆菌表现出毒性,故称为毒区。T-DNA 区和 Vir 区相邻,合起来约占 Ti 质粒 DNA 的 1/3。Con 区存在着与细菌间结合转移有关的基因,调控 Ti 质粒在农杆菌之间的转移。Ori 区是质粒复制区。

自然界中,Ti 质粒能够感染大量的双子叶植物,将 T-DNA 区段转移给寄主植物细胞并整合到核染色体的基因组上,最后实现基因的功能表达。所以,Ti 质粒是植物基因工程的一种天然载体。但是由于野生型 Ti 质粒不能拿来直接用作载体,必须经过一番科学的改建之后,才能成为适宜的植物基因克隆载体。其主要内容包括:①质粒上存在的一些对于转移无用的基因使其片段过大,限制酶位点多,在基因工程中难以操作,不必需的部分必须切除;②生长在培养基上的植物转化细胞产生大量的生长素和细胞分裂素阻止了细胞分化出整株植物,必须删除 T-DNA 上的生长素(tms)和细胞分裂素(tmr)基因,解除其表达产物对整株植物再生的抑制;③有机碱的生物合成与 T-DNA 的转化无关,而且其合成过程消耗大量的精氨酸和谷氨酸,直接影响转基因植物细胞的生长代谢,因此必须删除 T-DNA 上的有机碱合成基因(tmt);④Ti 质粒不能在大肠杆菌中复制,只能在农杆菌中扩增,限制了基因工程的操作,因此要加入大肠杆菌复制子和选择标记,构建根癌农杆菌-大肠杆菌穿梭质粒,便于重组分子的克隆与扩增;⑤随着激素基因区段的缺失,也就丧失了不依赖于植物激素独立的生长能力,因此有必要给这些派生的质粒载体加上一个抗生素抗性基因,作为转化的显性选择标记。由于这些抗性基因是来源于细菌,不具备在植物组织中进行转录所必需的真核特性。针对这一缺陷,人们已经设计出了一些嵌合基因,即将在植物中有功能的启动子同药物抗性基因的编码区相融合,并在启动子的后面连接上多聚腺苷化作用的信号序列 AATAAA。为此,特别选用了组成型的 Ti 质粒胭脂碱合成酶基因 nos 的启动子,它的表达属于组成型,这类嵌合结构的基因,使得这些抗生素抗性基因能够在植物中实现表达,因而可以作为转化组织的选择标记。

2. 病毒载体

在植物中生产外源重组蛋白有两种途径:一种是将外源基因整合进植物染色体基因组,使外源基因在植物中稳定表达;另一种是应用植物病毒载体系统进行瞬时表达。与农杆菌 Ti 质粒载体相比,植物病毒表达载体系统具有许多优点:第一,病毒表达水平较高,可携带外源基因进行高水平表达;第二,病毒增殖速度快,外源基因在很短时间(通常在接种后 1~2 周)可达最大量的积累;第三,病毒基因组小,易于进行遗传操作,大多数植物病毒可以通过机械接种感染植物,适于大规模商业操作;第四,宿主范围广,一些病毒载体能侵染农杆菌,不能或很难转化的一些植物,扩大了基因工程的宿主范围;第五,病毒颗粒易于纯化,可显著降低下游生产成本。所以植物病毒是实现外源基因的瞬时高效表达的可用载体。

目前已有十几种植物病毒被改造成不同类型的外源蛋白表达载体,包括花椰菜叶病毒(CaMV)、雀麦草花叶病毒(BMV)、烟草花叶病毒(TMV)、豇豆花叶病毒(CPMV)和马铃薯 X 病毒(PVX)等。其中在 TMV 载体中成功表达的外源病毒有 150 多种。

(1) 单链 RNA 植物病毒

大约 90% 以上的植物病毒的遗传物质,都是具有感染性的正链 RNA(即 mRNA)。以 RNA 病毒作载体克隆基因的基本步骤是:首先应用反转录酶和 DNA 聚合酶,将单链的病毒 RNA 转变成双链拷贝的 DNA(dcDNA);然后把这种 DNA 克隆到一种原核生物的质粒或柯斯质粒载体上,在形成的重组质粒分子中,人们期望的外源基因是插入 dcDNA;最后,将带有外源基因的病毒载体重新导入植物寄主细胞。

(2) 单链 DNA 植物病毒

双子座病毒组病毒(gemini viruses),是一类具有成对或成双颗粒的单链 DNA 植物病毒。这类病原体专门侵染寄主植株的韧皮部组织,并在细胞核中进行复制和增殖,对农业生产的危害相当严重。双子座病毒组病毒具有广泛的寄主范围,对单子叶及双子叶植物都有感染性。双子座病毒具有 2 种不同的分子,是一种二连的基因组,其基因组比较小,分子大小为 2.5~3.0kb,而且主要是由环状的 DNA 分子组成。

番茄金色花叶病毒（TGMV）是一种双子座病毒组病毒,最有发展前途,被作为植物基因转移载体的一种。这种病毒在同一个蛋白质外壳内存在着两条各长 2.5kb 的单链 DNA。单链 DNA A,又称 TGMV A 组分,编码病毒外壳蛋白及参与复制的蛋白;而单链 DNA B,又称 TGMV B 组分,则编码着控制病毒从一个细胞转移到另一个细胞的运动蛋白。DNA 分子仅能在植物细胞中复制,但只有 DNA B 存在的情况下才具有感染性。由于双链复制型的 TGMV DNA,处于没有外壳蛋白的环境中仍然具有感染性。因此,外壳蛋白编码基因的大部分序列,可以从 DNA A 中删除掉,以便为外源基因的插入留出必要的空间位置。现已构成了带有 TGMV DNA 的植物表达载体。当用它感染植物时,克隆的外源目的基因就会随着 TGMV DNA 被传播到感染植株的所有细胞。所以培育利用这样的克隆载体进行转基因的植物,就可避免从转化细胞到再生植株的繁琐过程。

（3）双链 DNA 植物病毒

花椰菜花叶病毒组（caulim viruses）是唯一的一群以双链 DNA 作为遗传物质的植物病毒,这一组病毒共有 12 种。此病毒寄主范围比较局限,虽然在实验室中可以转移到十字花科以外的少数几种植物,但在自然界中只感染十字花科的若干种植物。其中花椰菜花叶病毒（CaMV）是研究得最为详尽的一种典型的代表性病毒。

CaMV DNA 具有两种异常的特性。CaMV DNA 经变性处理或用单链特异的 S1 核酸酶处理后作凝胶电泳,结果表明,在它的上面存在着若干间断,即通常所说的"裂口"。此外,CaMV DNA 还具有另一种异常的特性,即在它的分子群体中有小部分的比例是一些短的核糖核苷酸序列,其总数还不到核苷酸总量的 1%。CaMV 直接用作载体存在以下困难:CaMV 虽然可以作为承载小片段外源 DNA 插入的克隆载体,但在它的大多数限制酶位点中插入外源 DNA 都会导致病毒的失活,而且它不能包装具 300bp 以上插入片段的重组体基因组,同时 CaMV 的绝大多数基因都是必不可少的,不能被外源 DNA 所取代。

多年来有关 CaMV 克隆载体的设计思路,主要集中在以下三个方面:第一,由缺陷性的 CaMV 病毒分子同辅助病毒分子组成互补的载体系统;第二,将 CaMV DNA 整合在 Ti 质粒 DNA 分子上,组成混合的载体系统;第三,构成带有 CaMV 355 启动子的融合基因,在植物细胞中表达外源 DNA。

3. 人工染色体载体

人工染色体通常指人工构建的含有天然染色体基本功能单位的载体系统,目前有 4 种主要类型:酵母人工染色体（YAC）、细菌人工染色体（BAC）及后来的人类人工染色体（HAC）和植物人工染色体（PAC）。这些载体系统具有超大的接受外源片段能力,并且独立于宿主基因组存在和传递。人工染色体为基因组图谱制作、基因组序列测定、基因分离等提供了强大的工具。

（1）酵母人工染色体

1983 年,Murray 和 Szostak 在大肠杆菌质粒 pBR322 中插入酵母的着丝粒、ARS 序列及四膜虫核糖体 RNA 基因 DrNA(Tr)末端序列,并转化酵母菌,构建成了第一个酵母人工染色体（yeast artificial chromosome，YAC）,进一步基因工程改造使得 YAC 能够在后代中稳定传递。由于当时人类基因组计划（human genome project）需要每条染色体的高分辨率物理图谱,而且急需一种大片段 DNA 载体能够将染色体变成小片段进行直接测序,YAC 被应用于人类基因组计划中。YAC 载体一般能够保存 500kb,甚至 1Mb 大小的染色体片段。目前,在人类、小鼠、果蝇、拟南芥和水稻等高等生物中均构建了高质量的 YAC 文库。2000 年完成的水稻物理图谱也是采用 YAC 克隆。

（2）细菌人工染色体

细菌人工染色体（bacterial artificial chromosome,BAC）是基于大肠杆菌中 F 质粒构建的质粒载体,包含 1 个氯霉素抗性标记,1 个严谨型控制的复制子 oriS,1 个易于 DNA 复制的由 ATP 驱动的解旋酶（RepE）及 3 个确保低拷贝质粒精确分配至子代细胞的基因座（parA、parB 和 parC）。目前最常用的 BAC 载体（pBeloBAC11）空载时大小约 7.5kb,在大肠杆菌中以超螺旋质粒形式存在和复制,外源基因组 DNA 片段可以通过酶切连接克隆到 BAC 载体多克隆位点上,通过电穿孔的方法将连接产物导入大肠杆菌重组缺陷型菌株,转化效率比转化酵母高 10～100 倍。大多数 BAC 文库中插入片段平均大小约 120kb,最大可达 300kb。重组质粒通过氯霉素抗性和 LacZ 基因的 α-互补筛选。现在 BAC 被广泛应用于基因组测序、文库筛选和基因图位克隆和转基因研究。

（3）植物人工染色体

Preuss 等以拟南芥着丝粒 DNA 为基础,构建各种组合的微小染色体来确定具有着丝粒功能的最小区域。日本研究人员采用包含着丝粒区域的 YAC 克隆与含有端粒序列和 ARS 的 YAC 克隆进行同源重组,从而筛选有功能的水稻人工染色体。遗憾的是,至今这些"组装法"的尝试还没有成功,可能是植物着丝粒受表观遗传调控失活所致。目前仅有美国的密苏里大学 Birchler 实验室通过端粒截短法成功获得了植物人工染色体（plant artificial chromosome,PAC）。预计 PAC 可能作为下一代转基因的主要载体,在改造转基因作物或者生产医药用途的抗体蛋白中有巨大的潜力。

二、基因工程所需要的工具酶

在基因工程中,基因的体外分离与重组需要若干种酶的参与,一般把这些有关的酶称为基因工程的工具酶。表 8-1 列出了重组 DNA 实验中常用的若干种工具酶,它们在基因克隆中都有着广泛的用途。特别是限制性核酸内切酶和 DNA 连接酶的发现和应用,使 DNA 分子的体外切割与连接成为可能。因此比较深入地理解基因操作的基本原理,有选择性地讨论基因克隆中通用的若干种核酸酶,显然是十分必要的。

表 8-1　重组 DNA 实验中常用的若干种工具酶

核酸酶名称	主要功能
Ⅱ型限制性核酸内切酶	在特异性的碱基序列部位切割 DNA 分子
DNA 连接酶	将两条 DNA 分子或片段连接成一个整体
大肠杆菌 DNA 聚合酶 Ⅰ	通过向 3′端逐一增加核苷酸的方式填补双链 DNA 分子上的单链裂口
Taq DNA 聚合酶	能在高温（72℃）下以单链 DNA 为模板按 5′→3′方向合成新生互补链

续表

核酸酶名称	主要功能
反转录酶	以 RNA 分子为模板合成互补的 cDNA 链
末端转移酶	将同聚物尾巴加到线性双链 DNA 分子或单链 DNA 分子的 $3'$-OH 端
多核苷酸激酶	使 $5'$-OH 端磷酸化,成为 $5'$-P 端
碱性磷酸酶	催化自 DNA 分子的 $5'$ 端或 $3'$ 端或同时从 $5'$ 端和 $3'$ 端移去末端磷酸
核酸外切酶Ⅲ	从一条 DNA 链的 $3'$ 端移去核苷酸残基
λ核酸外切酶	催化自双链 DNA 分子的 $5'$ 端移走单核苷酸,从而暴露出延伸的单链 $3'$ 端
SⅠ核酸酶	催化 RNA 和单链 DNA 分子降解成 $5'$-单核苷酸,同时也可切割双链核酸分子的单链区

1. 限制性核酸内切酶

（1）限制性核酸内切酶的发现

1952 年 Luria 和 Human 在 T 偶数噬菌体及 1953 年 Weigle 和 Bertani 在 λ 噬菌体对大肠杆菌的感染实验中发现了细菌的限制和修饰现象,简称 R/M 体系,从此开始了对限制和修饰现象的深入研究。1962 年,Arber 提出一个假设来解释限制和修饰现象。他认为细菌中有两种以上不同功能的酶,其中一种是核酸内切酶,能识别并切断外来 DNA 分子的某些部位,限制外来噬菌体的繁殖,把这类酶称为限制性核酸内切酶。后来研究证明:寄主控制的限制与修饰现象是由两种酶配合完成的,一种称限制性核酸内切酶,另一种称修饰甲基转移酶。所谓限制性核酸内切酶（简称限制酶）是一类能够识别双链 DNA 分子中的某种特定核苷酸序列,并由此切割 DNA 双链结构的核酸内切酶。切断的双链 DNA 都产生 $5'$-P 和 $3'$-OH 端。不同限制性核酸内切酶识别和切割的特异性不同。它广泛存在于生物界,并因生物种属的不同其特异性有所不同。限制作用是指细菌的限制性核酸酶对 DNA 的分解作用,一般是指对外源 DNA 入侵的限制。修饰作用是指细菌的修饰酶对于 DNA 碱基结构改变的作用（如甲基化）,经修饰酶作用后的 DNA 可免遭其自身所具有的限制酶的分解。根据限制-修饰现象发现的限制性核酸内切酶,现在已成为重组 DNA 技术的重要工具酶。

（2）限制性核酸内切酶的类型

1968 年,Meselson 从 *E. coli* K 株中分离出了第一个限制酶 *Eco* K;同年 Linn 和 Arber 从 *E. coli* B 株中分离到限制酶 *Eco* B。遗憾的是,由于 *Eco* K 和 *Eco* B 这两种酶的识别和切割位点不够专一,是Ⅰ型的酶,在基因工程中意义不大。1970 年,Smith 和 Wilcox 从流感嗜血杆菌中分离到一种限制性酶,能够特异性地切割 DNA,这个酶后来命名为 *Hin* dⅡ,这是第一个分离到的Ⅱ类限制性核酸内切酶。由于这类酶的识别序列和切割位点特异性很强,对于分离特定的 DNA 片段就具有特别的意义。

目前已经鉴定出有 3 种不同类型的核酸内切限制酶,即Ⅰ型酶、Ⅱ型酶和Ⅲ型酶。这 3 种不同类型的限制酶具有不同的特性。其中Ⅱ型酶,由于其核酸内切酶活性和甲基化作用活性是分开的,而且核酸内切作用又具有序列特异性,在基因工程中有特别广泛的用途。

（3）限制性核酸内切酶的命名

限制性核酸内切酶的命名是按照 Smith 和 Nathans(1973)提出的命名系统进行命名的,这种方法被广大学者所接受。命名原则包括如下几点:①用属名的头一个字母和种名的头两个字母(斜体),组成 3 个字母的略语,表示寄主菌的物种名称。例如,大肠杆菌(*Escherichia coli*)用 *Eco* 表示,流感嗜血菌(*Haemophilus influenzae*)用 *Hin* 表示。②用一个正体字母代表菌株或型,如 *Eco* K。③如果一种特殊的寄主菌株,具有几个不同的限制与修饰体系,则以罗马数字表示,如 *Hin* d Ⅰ、*Hin* d Ⅱ等。

（4）Ⅱ型限制性核酸内切酶的基本特性

绝大多数的Ⅱ型限制性核酸内切酶,都能够识别由 4～8 个核苷酸组成的特定的核苷酸序列。人们称这样的序列为限制性核酸内切酶的识别序列。而限制酶就是从其识别序列内切割 DNA 分子的,因此识别序列又称为限制性核酸内切酶的切割位点或靶子序列。识别序列的共同特点是具有双重旋转对称的结构形式,换言之,这些核苷酸对的顺序呈回文结构。切割方式有交错切割和对称切割两种,交错切割的结果是形成具有 $3'$-OH 单链延伸的和 $5'$-P 单链延伸的黏性末端,对称切割会形成具有平末端的DNA 片段。

有一些来源不同的限制性内切酶,但识别同样的核苷酸靶子序列,这样的酶称为同裂酶(isoschizomers)。同裂酶产生同样的切割,形成同样的末端。有一些同裂酶对于切割位点上的甲基化碱基的敏感性有所差别,可用来研究 DNA 的甲基化作用。还有一些限制酶虽然来源各异,识别的靶子序列也各不相同,但都产生出相同的黏性末端,这样的一组限制酶称为同尾酶(isocaudamer)。常用的限制酶 *Bam*H Ⅰ、*Bcl* Ⅰ、*Bgl* Ⅱ、*Sau*3A Ⅰ和*Xho* Ⅱ就是一组同尾酶,它们切割 DNA 之后都形成由 GATC 4 个核苷酸组成的黏性末端。显而易见,由同尾酶所产生的 DNA 片段,是能够通过其黏性末端之间的互补作用而彼此连接起来的,因此在基因克隆实验中很有用处,但连接之后的 DNA 分子不再被原来任何一种同尾酶所识别。由一对同尾酶分别产生的黏性末端共价结合形成的位点,称之为"杂种位点"。

（5）影响核酸内切限制酶活性的因素

1）DNA 的纯度

在 DNA 制剂中残存的某些物质,如蛋白质、酚、氯仿、乙醇、乙二胺四乙酸(EDTA)、SDS(十二烷基硫酸钠),以及高浓度的盐离子等,都有可能抑制限制性核酸内切酶的活性。可以采用适当的方法来减小由于 DNA 不纯对限制酶活性的影响,如增加限制性核酸内切酶的用量,平均每微克底物 DNA 可高达 10 单位甚至更多些;扩大酶催化反应的体积,以使潜在的抑制因素被相应地稀释;延长酶催化反应的保温时间。

2）DNA 的甲基化程度

限制性核酸内切酶不能够切割甲基化的核苷酸序列,这种特性在有些情况下是很有用的。例如,当甲基化酶的识别序列同某些限制酶的识别序列相邻时,就会抑制在这些位点发生切割作用,这样便改变了限制性核酸内切酶识别序列的特异性。另外,通过甲基化作用将限制酶识别位点保护起来,避免限制酶的切割。

3) 酶切消化反应的温度

大多数限制性核酸内切酶的标准反应温度都是 37℃,但也有许多例外的情况,例如, Sma I 是 25℃、Mae I 是 45℃。消化反应的温度低于或高于最适温度,都会影响核酸内切限制酶的活性,甚至最终导致完全失活。

4) DNA 的分子结构

DNA 分子的不同构型对限制性核酸内切酶的活性也有很大的影响。某些限制性核酸内切酶切割超盘旋的质粒 DNA 或病毒 DNA 所需要的酶量,要比消化线性 DNA 的高出许多倍,最高的可达 20 倍。此外,还有一些限制性核酸内切酶,切割处于不同部位的限制位点,其效率亦有明显的差别。

5) 限制性核酸内切酶的缓冲液

限制性核酸内切酶的标准缓冲液的组分包括氯化镁、氯化钠或氯化钾、Tris-HCl、β-巯基乙醇或二硫苏糖醇(DTT)及牛血清白蛋白(BSA)等。氯化镁提供的 Mg^{2+} 是限制酶的必需辅助因子。缓冲液 Tris-HCl 的作用在于使反应混合物的 pH 恒定在酶活性所要求的最佳范围内。巯基试剂用于维持某些限制性核酸内切酶的稳定性,避免失活。

2. DNA 连接酶与 DNA 分子的连接

目前有 3 种方法用来 DNA 片段的体外连接:第 1 种方法是用 DNA 连接酶连接具有互补黏性末端的 DNA 片段;第 2 种方法是用 T_4DNA 连接酶直接将平末端的 DNA 片段连接起来,或是用末端脱氧核苷酸转移酶给具平末端的 DNA 片段加上 Poly(dA)-Poly(dT)尾巴之后,再用 DNA 连接酶将它们连接起来;第 3 种方法是先在 DNA 片段末端加上化学合成的衔接物或接头,使之形成黏性末端之后,再用 DNA 连接酶将它们连接起来。这 3 种方法虽然互有差异,但共同的一点都是利用了 DNA 连接酶的连接功能。

(1) DNA 连接酶

用限制性核酸内切酶切割不同来源的 DNA 分子,再重组则需要用另一种酶来完成这些杂合分子的连接和封闭,这种酶就是 DNA 连接酶。1967 年,世界上有数个实验室几乎同时发现了 DNA 连接酶。在双链 DNA 中,连接酶能催化相邻的 $3'$-OH 和 $5'$-P 的单链并形成磷酸二酯键,如果双链 DNA 的某一条链上失去一个或数个核苷酸所形成的单链断裂,DNA 连接酶便不能将其连接起来。这种酶也不能将两条单链连接起来,更不能使单链环化。因此该酶可促使具有互补黏性末端或平头末端的载体和 DNA 片段连接,以形成重组 DNA 分子。

在基因工程中,用于连接 DNA 限制片段的连接酶有两种:一种是由大肠杆菌基因编码的称为大肠杆菌 DNA 连接酶;另一种是由大肠杆菌中 T4 噬菌体基因编码的称为 T4 DNA 连接酶。大肠杆菌 DNA 连接酶是一条分子质量为 75kD 的多肽链,对胰蛋白酶敏感,可被其水解,水解后形成的小片段仍具有部分活性,需要 NAD^+ 作能源辅助因子。噬菌体 T4 DNA 连接酶也是一条多肽链,分子质量为 60kD,其活性很容易被 0.2mol/L 的 KCl 和精胺所抑制,此酶的催化过程需要 ATP 作能源辅助因子。

(2) DNA 片段的连接

DNA 分子经过限制性核酸内切酶消化后可形成黏性末端和平齐末端两种,DNA 连接酶可以将两种末端连接起来。应用 DNA 连接酶的这种特性,可在体外将 DNA 限制片段与适当的载体分子连接,从而可以按照人们的意愿构建出新的重组分子。具有黏性末端的 DNA 片段的连接比较容易,也比较常用,上面讲的两种 DNA 连接酶都可以用。连接酶连接缺口 DNA 的最佳反应温度是 37℃,但是在这个温度下,黏性末端之间的氢键结合是不稳定的,如由限制酶 $EcoRⅠ$ 产生的黏性末端,连接之后所形成的结合部位,共有 4 个 A-T 碱基对,显然不足以抵御 37℃ 的热破坏作用,因此连接黏性末端的最佳温度,应该是介于酶作用速率和末端结合速率之间,一般认为是 4~15℃ 比较合适。虽然 DNA 连接酶也能将具平末端的 DNA 片段连接起来,但是比连接黏性末端的效率低,因此在连接平末端时,一般不是直接用 DNA 连接酶,而是采用下列 3 种方法。

1) 同聚物加尾法

1972 年,美国斯坦福大学的 Labaan 和 Kaiser 联合发现了一种可以连接任何两段 DNA 分子的普遍性方法,即同聚物加尾法。这种方法运用到一种酶,称末端脱氧核苷酸转移酶,此酶能够将核苷酸加到 DNA 分子单链延伸末端的 $3'$-OH 上。当反应物中只存在一种脱氧核苷酸的条件下,DNA 分子的 $3'$-OH 端将会出现单纯由一种脱氧核苷酸组成的 DNA 单链延伸。这样的延伸片段称为同聚物尾巴。由核酸外切酶处理过的 DNA,以及 dATP 和末端脱氧核苷酸转移酶组成的反应混合物中,DNA 分子的 $3'$-OH 端将会出现单纯由腺嘌呤核苷酸组成的 DNA 单链延伸,称为 Poly(dA) 尾巴。反过来,如果在反应混合物中加入的是 dTTP,那么 DNA 分子的 $3'$-OH 端将会形成 Poly(dT) 尾巴。因此任何两条 DNA 分子,只要分别获得 Poly(dA) 和 Poly(dT) 尾巴,就会彼此连接起来。这种连接 DNA 分子的方法称为同聚物尾巴连接法(homopolymertail-joining),简称同聚物加尾法。

2) 衔接物连接法

所谓衔接物(linker),是指用化学方法合成的一段由 10~12 个核苷酸组成,具有一个或数个限制酶识别位点的平末端的双链寡核苷酸短片段。连接时先将衔接物的 $5'$ 端和待克隆的 DNA 片段的 $5'$ 端,用多核苷酸激酶处理使之磷酸化,然后再通过 T4 DNA 连接酶的作用使两者连接起来。接着用适当的限制酶消化具衔接物的 DNA 分子和克隆载体分子,这样的结果使二者都产生出了彼此互补的黏性末端。于是便可以按照常规黏性末端连接法,将待克隆的 DNA 片段同载体分子连接起来。

3) DNA 接头连接法

DNA 接头是一类人工合成的一头具某种限制酶黏性末端,另一头为平末端的特殊双链寡核苷酸短片段。当它的平末端与具平末端的外源 DNA 片段连接之后,便会使后者成为具黏性末端的新的 DNA 分子,而易于连接重组。实际使用时对 DNA 接头末端的化学结构进行必要的修饰与改造,可避免处在同一反应体系中的各个 DNA 接头分子的黏性末端之间发生彼此间的配对连接。

3. DNA 聚合酶

(1) 大肠杆菌 DNA 聚合酶Ⅰ

到目前为止,从大肠杆菌中纯化出了 3 种不同类型的 DNA 聚合酶,即 DNA 聚合酶Ⅰ、DNA 聚合酶Ⅱ和 DNA 聚合酶Ⅲ,它们分别简称为 PolⅠ、PolⅡ和 PolⅢ。其中只有 PolⅠ同 DNA 分子克隆的关系密切。

Pol I 酶有 3 种不同的酶催活性,即 $5' \rightarrow 3'$ 的聚合酶活性、$5' \rightarrow 3'$ 的核酸外切酶活性和 $3' \rightarrow 5'$ 的核酸外切酶活性。DNA 聚合聚 I 催化的聚合作用,是在生长链的 $3'$-OH 端基团同掺入进来的核苷酸分子之间发生的。因此说 DNA 聚合酶 I 催化的 DNA 链的合成是按 $5' \rightarrow 3'$ 方向伸长的。DNA 聚合酶 I 催化合成 DNA 的互补链需要 4 种脱氧核糖核苷 $5'$-三磷酸 dNTPs(dATP,dGTP,dCTP,dTTP)、带有 $3'$-OH 游离基团的引物链和 DNA 模板,模板的要求可以是单链,也可以是双链。另外在 DNA 分子的单链缺口上,DNA 聚合酶 I 的 $5' \rightarrow 3'$ 核酸外切酶活性和聚合作用可以同时发生。当外切酶活性从缺口的 $5'$ 一侧移去一个 $5'$ 核苷酸之后,聚合作用就会在缺口的 $3'$ 一侧补上一个新的核苷酸。但由于 Pol I 不能够在 $3'$-OH 和 $5'$-P 之间形成一个键,因此随着反应的进行,$5'$ 一侧的核苷酸不断地被移去,$3'$ 一侧的核苷酸又按序地增补,于是缺口便沿着 DNA 分子合成的方向移动。这种移动特称为缺口转移(nick translation),如果增补的是 ^{32}P 标记的核苷酸,那么这条有缺口的链就被标记。因此在分子克隆中,可以利用 DNA 缺口转移法来制备供核酸分子杂交用的带放射性标记的 DNA 探针。

(2) 大肠杆菌 DNA 聚合酶 I 的 Klenow 片段

大肠杆菌 DNA 聚合酶 I 的 Klenow 片段(*E. coli* DNA Pol I Klenow fragment),又称为 Klenow 聚合酶或 Klenow 大片段酶。它是由大肠杆菌 DNA 聚合酶 I 全酶,经枯草杆菌蛋白酶处理之后,产生的分子质量为 76×10^3 Da 的大片段分子。Klenow 聚合酶仍具有 $5' \rightarrow 3'$ 的聚合活性和 $3' \rightarrow 5'$ 的核酸外切酶活性,但失去了全酶的 $5' \rightarrow 3'$ 的核酸外切酶活性。在 DNA 分子克隆中,Klenow 聚合酶的主要用途有:①修补经限制酶消化的 DNA 所形成的 $3'$ 隐蔽末端;②标记 DNA 片段的末端,尤其对具有 $3'$ 隐蔽末端的 DNA 片段作放射性标记最为有效;③cDNA 克隆中的第二链 cDNA 的合成;④DNA 序列测定。

(3) *Taq* DNA 聚合酶

1988 年,Saiki 等从一株水生嗜热杆菌(*Thermus aquaticus*)中提取到一种耐热 DNA 聚合酶。此酶耐高温,在 70℃ 下反应 2h 后其残留活性大于原来的 90%,在 93℃ 下反应 2h 后其残留活性是原来的 60%,在 95℃ 下反应 2h 后其残留活性是原来的 40%。这种耐高温的特性,不必在每次 PCR 扩增反应后重加新酶。这种酶还大大提高了扩增片段的特异性和扩增效率,增加了扩增长度(2.0kb),其灵敏性也大大提高。为区别于大肠杆菌多聚酶 I Klenow 片段,将此酶命名为 *Taq* DNA 聚合酶。此酶的发现使 PCR 技术被广泛应用。

(4) T4 DNA 聚合酶

T4 DNA 聚合酶是由噬菌体基因 43 编码的,具有两种酶催活性,即 $5' \rightarrow 3'$ 的聚合酶活性和 $3' \rightarrow 5'$ 的核酸外切酶活性。T4 DNA 聚合酶也可以用来标记 DNA 平末端或隐蔽的 $3'$ 端,因此 T4 DNA 聚合酶可用来制备高比活性的 DNA 杂交探针。只是同 DNA 聚合酶 I 的缺口转移制备法不同,T4 DNA 聚合酶用的是取代合成法。这种方法是先利用 T4 DNA 聚合酶 $3' \rightarrow 5'$ 的核酸外切酶活性对含有限制酶识别位点的双链 DNA $3'$ 端进行有控制的降解,然后补加 ^{32}P 标记的核苷酸后,在 T4 DNA 聚合酶 $5' \rightarrow 3'$ 的聚合酶活性下进行取代合成,结果在双链 DNA 被降解的一条链上出现了取代性标记,最后再用限制酶消化便可得到 DNA 探针。与缺口转移法制备的探针相比,取代合成法制备的探针具有两个明显的优点：第一，不会出现人为的发夹结构（用缺口转移法制备的 DNA 探针则会出现这种结构）；第二，应用适宜核酸内切限制酶切割，它们便可很容易地转变成特定序列的（链特异的）探针。

（5）反转录酶

1970 年 Temin 等在致癌 RNA 病毒中发现了一种特殊的 DNA 聚合酶，该酶以 RNA 为模板，根据碱基配对原则，按照 RNA 的核苷酸顺序（其中 U 与 A 配对）合成 DNA。这一过程与一般遗传信息流转录的方向相反，故称为反转录，催化此过程的 DNA 聚合酶称为反转录酶（reverse transcriptase）。后来发现反转录酶不仅普遍存在于 RNA 病毒中，在哺乳动物的胚胎细胞和正在分裂的淋巴细胞中也有反转录酶存在。反转录酶的发现对于遗传工程技术起了很大的推动作用，目前它已成为一种重要的工具酶。

大多数反转录酶都具有多种酶活性，主要包括以下几种活性。首先具有以 RNA 为模板，催化 dNTP 聚合成 DNA 的聚合酶活性。此酶也需要引物，按 $5' \rightarrow 3'$ 方向合成一条与 RNA 模板互补的 DNA 单链，这条 DNA 单链称为互补 DNA（complementary DNA，cDNA），因此反转录酶可用来构建 cDNA 文库。反转录酶不具有 $3' \rightarrow 5'$ 外切酶活性，没有校正功能，所以由反转录酶催化合成的 DNA 出错率比较高。

4. 几种修饰酶

（1）末端脱氧核苷酸转移酶与同聚物加尾

末端脱氧核苷酸转移酶（terminal deoxynucleotidyl transferase），简称末端转移酶（terminal transferase），这种酶在二价阳离子的存在下，能够逐个地将脱氧核苷酸分子加到线性 DNA 分子的 3'-OH 端，具有 $5' \rightarrow 3'$ 的聚合作用，与 DNA 聚合酶不同，末端转移酶不需要模板的存在就可以催化 DNA 分子发生聚合作用。当反应混合物中只有一种 dNTP 时，就可形成仅由一种核苷酸组成的同聚物尾巴。应用适当的 dNTP 加尾，再生出供外源 DNA 片段插入的有用的限制位点。

⑵ T4 多核苷酸激酶与 DNA 分子 5'端的标记

多核苷酸激酶（polynucleotide kinase）是由 T4 噬菌体的 *pseT* 基因编码的一种蛋白质，最初也是从被 T4 噬菌体感染的大肠杆菌细胞中分离出来的，因此又称为 T4 多核苷酸激酶。T4 多核苷酸激酶催化 γ-磷酸从 ATP 分子转移给 DNA 或 RNA 分子的 5'-OH 端，当使用 γ-^{32}P 标记的 ATP 作前体物时，多核苷酸激酶便可以使底物核酸分子的 5'-OH 端标记上 γ-^{32}P。这种标记称为正向反应（forward reaction），是一种十分有效的过程，因此此酶常用来标记核酸分子的 5'端，或是使寡核苷酸磷酸化。

（3）碱性磷酸酶与 DNA 脱磷酸作用

碱性磷酸酶有两种不同的来源：一种是从大肠杆菌中纯化出来的，称为细菌碱性磷酸酶（bacterial alkaline phosphatase，BAP）；另一种是从小牛肠中纯化出来的，称为小牛肠碱性磷酸酶（calfintestinal alkaline phosphatase，CIP）。它们的共同特性是能够催化核酸分子脱掉 5'磷酸基团，从而使 DNA（或 RNA）片段的 5'-P 端转变成 5'-OH 端，这就是所谓的核酸分子的脱磷酸作用。碱性磷酸酶的这种功能，对于 DNA 分子克隆是很有用的。除了可以用来标记 DNA 片段的 5'端之外，在 DNA 体外重组中，为了防止线性化的载体分子发生自我连接作用，也需要碱性磷酸酶从这些片段上脱去 5'-P 基团。

第二节　基因克隆技术

一、基因文库的构建与目的基因的筛选

基因工程技术的迅速发展使人们对生物体基因的结构、功能、表达及其调控的研究深入到分子水平，而分离和获得特定基因片段是上述研究的基础。完整基因文库的构建使任何 DNA 片段的筛选和获得成为可能。基因文库（gene library）指某个生物的基因组 DNA 或 cDNA 片段与适当的载体在体外通过重组后，转入宿主细胞，并通过一定的选择机制筛选后得到大量的阳性菌落（或噬菌体），所有菌落或噬菌体的集合就是这种生物的基因文库。按照外源 DNA 片段的来源，可将基因文库分为基因组 DNA 文库（genomic DNA library）和 cDNA 文库（complementary DNA library）；根据文库的功能分为克隆文库（cloning library）和表达文库（expression library）。

1. 基因组文库构建

某种生物基因组的全部遗传信息通过克隆载体贮存在一个受体菌的群体之中，这个群体即为这种生物的基因组文库。

基因组文库的大小（即应该包含多少个独立的克隆）与基因组本身的大小和克隆 DNA 片段的平均大小有关。因为基因组 DNA 片段是随机克隆的，所以基因组大小除以克隆片段大小得到的只是克隆数的理论值，从统计学的角度分析，由这个理论克隆数中克隆到特定基因片段的概率只有 50%。当克隆数增加到这一理论值的 2 倍时，克隆到特定 DNA 片段的概率就上升到 75%。所以为了达到一种合理的概率以克隆到目的基因，一个完整的基因组文库就必须含有 3～10 倍于最低重组克隆数的克隆。比如，某种生物基因组的总长为 3×10^6 kb，酶切后的 DNA 片段平均长为 15kb，则该种生物的基因组文库应含克隆子数为 3×10^6 kb/15kb＝2×10^5。但实际上该基因组文库应含克隆子数远远超过这个数。为此，1975 年，Clarke 和 Carbon 提出了一个计算完全基因组文库所需实际克隆数的公式：

$$N=\frac{\ln(1-p)}{\ln(1-f)}$$

其中，N 代表实际克隆数；p 代表在重组群体中出现特定基因的概率（一般的期望值都为 99%）；f 代表限制性片段的平均大小与相应生物体基因组大小的比值。如果给定概率为 0.99，插入片段为 20kb 的情况下，对人类基因组（3×10^9 bp）来说，所需重组体的数目为 6.9×10^5；而对于大肠杆菌而言，仅需要 1100 个重组体。

构建基因组 DNA 文库的一般操作程序主要包括以下步骤。

A. 分离基因组并用适当的限制性内切酶消化基因组 DNA。毫无疑问，优质的基因组 DNA 对于基因组文库构建是至关重要的。不同生物其分离方法不尽一样，研究者需要查阅文献，通过经验来选择合适的基因组 DNA 分离方法，在分离过程中保证 DNA 不被过度剪切或降解，同时也要尽量保证 DNA 的纯度。

构建黏粒基因组 DNA 文库，研究者需要将基因组 DNA 用注射器抽打来随机剪切DNA；接着用末端修复酶修复 DNA，提高 DNA 连接入载体的效率；然后通过凝胶电泳来

找到 40kb 左右的 DNA 片段,随后使用 EpicentregELase 胶回收试剂盒回收 DNA。

B. 选择合适的载体。不同的载体其装载能力不同,因此必须根据研究目的和载体对基因组 DNA 的长度要求来选择合适的载体。比如,对于黏粒载体(Epicntre 的 pCC1FOSTM、pEpiFOSTM-5、pWEB-TNCTM、pWEBTM),合适的片段长度大约为 40kb;对于 BAC 载体(如 Epicentre 的 pIndigoBAC-5、pCC1BACTM),平均来说,合适的片段长度为 120～300kb。

C. 将目的 DNA 和载体重组。用适当的限制酶消化目的 DNA 和载体,目的是使两者产生相同的黏性末端。为了提高重组子的比例,需要用碱性磷酸酶处理载体,脱去 5′ 磷酸基团,然后再用 DNA 连接酶将两者连接,构建出重组子。

D. 重组子导入受体细胞。如果选用 λ 噬菌体作为载体,在导入前需要利用体外包装系统将重组子组装成完整的颗粒,这样可以提高转导率。重组噬菌体侵染大肠杆菌,形成大量噬菌斑,每一克隆中含有外源 DNA 的一种片段,全部克隆构成一个基因文库。文库构建以后可以通过表型筛选法、杂交筛选和 PCR 筛选、免疫筛选法筛选目的基因。

2. cDNA 文库构建

在一个完全的基因组文库中,生物体的基因往往分散在数万个克隆子中。而真核生物基因组 DNA 十分庞大,一般约有数万种不同的基因,并且含有大量的重复序列及大量的非编码序列。这些序列的存在严重地干扰了基因的分离。因此无论采用电泳分离技术还是通过杂交的方法等,不论是从基因组中直接分离目的基因还是从基因组文库中筛选出含有目的基因的克隆,都是非常困难的。由于基因的表达具有组织特异性,而且处在不同环境条件、不同分化时期的细胞其基因表达的种类和强度也不尽相同。通常得以表达的基因仅占总基因的 15% 左右,因此从 mRNA 出发分离目的基因,可大大缩小搜寻目的基因的范围,降低分离目的基因的难度。

cDNA 文库是指将生物某一组织细胞中的总 mRNA 分离出来作为模板,在体外用反转录酶合成互补的双链 cDNA,然后接到合适载体上转入宿主细胞后形成的所有克隆就称为 cDNA 文库。其构建过程包括下面几步。

A. 提取细胞总 RNA,并从中分离纯化出 mRNA。细胞总 RNA 是由 mRNA、tRNA、rRNA 3 类分子组成,其中 mRNA 含量最低,占细胞总 RNA 的 1%～5%,且分子种类繁多,分子质量大小不一。要想获得 mRNA,必须先获得生物的总 RNA。提取生物总 RNA 方法有异硫氰酸胍法,盐酸胍-有机溶剂法,热酚法、CTAB 法等,提取方法的选择主要根据不同的样品而定。要构建一个高质量的 cDNA 文库,获得高质量的 mRNA 是至关重要的,所以处理 mRNA 样品时必须仔细小心。由于 RNA 酶存在于所有的生物中,并且能抵抗诸如煮沸这样的物理环境,建立一个无 RNA 酶的环境对于制备优质 RNA 十分重要。现在许多公司都有现成的总 RNA 提取试剂盒出售,可以快速有效地提取到高质量的总 RNA。从总 RNA 中分离纯化 mRNA 的依据就是 mRNA 的独特结构,一般真核细胞的 mRNA 分子最显著的结构特征是具有 5′ 端帽子结构(m^7G)和 3′ 端的 Poly(A)尾巴。这种结构为真核 mRNA 的获得提供了极为方便的选择性标志。mRNA 的分离纯化方法较多,其中以寡聚(dT)-纤维素柱层析法最为有效,该法已成为常规方法。此法利用 mRNA 3′ 端含有 Poly(A)的结构,在 RNA 流经寡聚(dT)纤维素柱时,在高盐缓冲液的作用下,mRNA 被特异地结合在柱上,当逐渐降低盐的浓度时或在低盐溶液和蒸馏水的情况下,mRNA 被洗脱,经过两次寡聚(dT)纤维柱后,即可得到较高纯度的 mRNA。

B. cDNA 第一链的合成。在获得高质量的 mRNA 后,以 mRNA 为模板,在反转录酶的作用下,利用适当的引物引导合成 cDNA 第一链。目前常用的引物主要有两种,即 Oligo(dT)和随机引物。Oligo(dT)引物一般包含 10～20 个脱氧胸腺嘧啶核苷和一段带有稀有酶切位点的引物共同组成,随机引物一般是包含 6～10 个碱基的寡核苷酸短片段。

Oligo(dT) 引导的 cDNA 合成是在合成过程中加入高浓度的 Oligo(dT)引物,Oligo(dT)引物与 mRNA 的 3′端的 Poly(A)配对,引导反转录酶以 mRNA 为模板合成第一链 cDNA。这种 cDNA 合成的方法在 cDNA 文库构建中的应用极为普遍,其缺点主要是由于 cDNA 末端存在较长的 Poly(A)而影响 cDNA 测序。

随机引物引导的 cDNA 合成是采用随机引物来锚定 mRNA 并作为反转录的起点。由于随机引物可能在一条 mRNA 链上有多个结合位点而从多个位点同时发生反转录,比较容易合成特长的 mRNA 分子的 5′端序列。随机引物 cDNA 合成的方法不适合构建 cDNA 文库,一般用于克隆特定 mRNA 的 5′端,如 RT-PCR。

C. cDNA 第二链的合成。cDNA 第二链的合成方法有以下几种。第一,自身引导法。首先用氢氧化钠消化杂合双链中的 mRNA 链,解离的第一链 cDNA 的 3′端就会形成一个短的发夹结构(发夹环的产生是第一链 cDNA 合成时的特性,原因至今未知,据推测可能是与帽子的特殊结构相关),这就为第二链的合成提供了现成的引物,利用大肠杆菌 DNA 聚合酶Ⅰ Klenow 片段或反转录酶合成 cDNA 第二链,最后用对单链特异性的 S1 核酸酶消化该环,即可进一步克隆。但自身引导合成法较难控制反应,而且用 S1 核酸酶切割发夹结构时无一例外地将导致对应于 mRNA 5′端序列出现缺失和重排,因而该方法目前很少使用。第二,置换合成法。第一链在反转录酶作用下产生的 cDNA:mRNA 杂交链不用碱变性,而是在 dNTP 存在下,利用 RNA 酶 H 在杂交链的 mRNA 链上造成切口和缺口。从而产生一系列 RNA 短片段,使之成为合成第二链的引物,然后在大肠杆菌 DNA 聚合酶Ⅰ的作用下合成第二链。该方法非常有效,可以直接利用第一链反应产物,无需进一步处理和纯化,另外也不必使用 S1 核酸酶来切割双链 cDNA 中的单链发夹环,目前合成 cDNA 常采用该方法。第三,引导合成法,这种方法是 Okayama 和 Berg 在 1982 年提出的。首先是制备一端带有 Poly(dG)的片段Ⅱ和带有 Poly(dT)的载体片段Ⅰ,并用片段Ⅰ来代替 Oligo(dT)进行 cDNA 第一链的合成,在第一链 cDNA 合成后直接采用末端转移酶在第一链 cDNA 的 3′端加上一段 Poly(dC)的尾巴,同时进行酶切创造出另一端的黏端,与片段Ⅱ一起形成环化体,这种环化了的杂合双链在 RNA 酶 H、大肠杆菌 DNA 聚合酶Ⅰ和 DNA 连接酶的作用下合成与载体联系在一起的双链 cDNA。其主要特点是合成全长 cDNA 的比例较高,但操作比较复杂,形成的 cDNA 克隆中都带有一段 Poly(dC)/(dA),对重组子的复制和测序都不利。

D. 双链 cDNA 连接到质粒或噬菌体载体并导入大肠杆菌中繁殖。双链 cDNA 在和载体连接之前,要经过一系列处理,如同聚物加尾、加接头等,具体方法同基因组文库的构建相同。

　　由于 cDNA 文库的原始材料是在特定时期从特定组织细胞中提取到的 mRNA，cDNA 文库具有组织细胞特异性。对于真核生物来说，cDNA 文库显然比基因组 DNA 文库小得多，能够比较容易从中筛选克隆得到细胞特异表达的基因。但对真核细胞来说，从基因组 DNA 文库获得的基因与从 cDNA 文库获得的不同，基因 DNA 文库所含的是带有内含子和外显子的基因组基因，而从 cDNA 文库中获得的是已经过剪接、去除了内含子的 cDNA。

　　通过适当的方法构建了一个完整的基因组 DNA 文库或 cDNA 文库，只是意味着包含目的基因在内的所有基因都得到克隆，但这并不等于完成了目的基因的分离。因为不论在构建的基因文库中，还是在生物体内，目的基因只是数以万计基因中的一个，究竟在哪一个克隆子中含有人们需要的目的基因尚不得而知。因此，下一步工作就是从基因文库中筛选分离出含有目的基因的特定克隆子，或者从生物体内直接分离目的基因。分离基因这一步可以依据待分离目的基因的有关特性，如基因的序列、功能、在染色体上的位置等，然后建立相应的方法加以完成。

二、目的基因的分离

1. 核酸杂交法筛选目的基因

　　应用核酸探针分离目的基因的方法称为核酸杂交筛选法。此法的最大优点是应用广泛，而且相当有效，尤其适用于大量群体的筛选。目前只要有现成可用的探针，就有可能从任何生物体的任何组织中分离目的基因，但不以这种基因能否在生物体或菌体当中表达为前提。

　　用探针从基因文库中分离目的基因的具体流程是：将转化后生长的菌落复印到硝酸纤维膜上，用碱裂菌，菌落释放的 DNA 就吸附在膜上，再与标记的核酸探针温育杂交，核酸探针就结合在含有目的序列的菌落 DNA 上而不被洗脱。核酸探针如果是用放射性核素标记，结合了放射性核酸探针的菌落集团可用放射性自显影法指示出来，核酸探针如果是用非放射性物质标记，通常是经染色呈现指示位置，这样就可以将含有目的序列的菌落挑选出来。

2. 蛋白质序列起始克隆法

　　根据中心法则，DNA 转录成 mRNA，再转译为蛋白质。因此，如果基因有最终的表达产物，得知蛋白质的氨基酸序列，就可以反推出原来 DNA 即基因的核苷酸序列。一般来说，从 N 端对 10 多个连续氨基酸进行序列测定，选择连续 6 个以上简并程度最低的氨基酸，按各种可能的序列结构合成寡核苷酸探针库，从 cDNA 文库中筛选全长的基因。也可以使用该蛋白质特异的抗体筛选用表达载体构建的 cDNA 文库，通过抗原抗体反应寻找特异的克隆。但是，在实验中得到纯度高、数量足够的目的基因表达产物（蛋白质）是很困难的，蛋白质测序也花费较高，难度较大。

3. 根据 DNA 的插入作用分离目的基因

　　当一段特定的 DNA 序列，插入到目的基因的内部或其邻近位点时，便会诱发该基因发生突变，并最终导致表型变化，形成突变体植株。如果此段 DNA 插入序列是已知的，那么它便可用来作为 DNA 杂交的分子探针，从突变体植株的基因组 DNA

文库中筛选到突变的基因。而后再利用此突变基因作探针，就能从野生型植株的基因组 DNA 文库中克隆出野生型的目的基因。由于插入的 DNA 序列相当于人为地给目的基因加上一段已知的序列标签，因此 DNA 插入突变分离基因的技术，又称为 DNA 标签法（DNA-tagging）。DNA 标签法主要包括转座子标签法（transposon tagging）和 T-DNA 标签法（T-DNA tagging）两种类型。

（1）转座子标签法

植物转座子，也称转位子，最早是由 B. McClintock 在玉米中发现的。之后在大肠杆菌、果蝇及金鱼草等许多生物体中也相继找到了转位子。它是指基因组中一段特定的 DNA 片段，能在转位酶的作用下从基因组的一个位点转移到另一个位点。转座子不仅能在本基因组中转座，也能转入其他植物的基因组中。转座子的转位插入作用，使被插入的目的基因发生突变失去活性，而转座子的删除作用又使目的基因恢复活性。由转座子引起的突变便可以以转座子 DNA 为探针，从突变株的基因组文库中钓出含该转座子的 DNA 片段，并获得含有部分突变株 DNA 序列的克隆，进而以该 DNA 为探针，筛选野生型的基因组文库，最终得到完整的基因。

转座子标签法分离基因的程序首先是采取农杆菌介导等适当的转化方法把转座子导入目标生物体；然后是转座子在目标生物体内的初步定位；转座子插入突变的鉴定及分离；转座子在目标生物体内的活动性能检测；最后对转座子插入引起的突变体，利用转座子序列作探针，分离克隆目的基因。

转座子标签法的局限性表现在此法只适用于存在内源活性转座子的植物种类，而在自然界中这样的植物并不多。另外转座子转位插入突变的频率比较低，而且在植物基因组中还常常存在着过多拷贝的转座子序列。因此，应用转座子标签法分离植物基因，不仅实验周期长，工作量大，同时还需花费大量的人力和财力。再者，如果转座子的转位插入作用引起了致死突变，或是对于由多基因控制的某种性状，转位插入造成的单基因突变就不足以使植株产生出明显的表型变异，就难以分离到人们所期望的目的基因。

（2）T-DNA 标签法

T-DNA 标签法是根据 Ti 质粒上的 T-DNA 能完全整合到植物的核基因组上，且根据目前的实验结果，一般认为 T-DNA 在植物核基因组中的插入位置是随机的。在 T-DNA 标签法中，将 T-DNA 插入任何感兴趣的基因处产生插入性突变，以获得分析该基因功能的对照突变体。它将 T-DNA 左右边界之间携带的外源报告基因片段作为一个选择性的遗传标记，因为插入的序列是已知的，因而对获得的转基因重组突变体就可以通过各种克隆和 PCR 策略加以研究。倘若将 35S 强启动子在 T-DNA 整合到宿主基因组后，整合到内源基因的上游，则可以产生异常增加或表达的时空特异性改变而破坏基因的表达效果。

4. 差异表达基因片段的克隆

高等真核生物约含有 10 万个基因，在一定的发育阶段，在某一类型的细胞中，只有 15% 的基因表达，产生大约 15 000 个基因。这种在生物个体发育的不同阶段或在不同的组织器官中发生的不同基因按一定时间和空间有序表达的方式称为基因的差别表达（differential expressing）。这是基因表达的特点，也是分离克隆目的基因的前提。基于基因表达特点的分离方法有如下几个。

（1）消减杂交法

消减杂交法是利用 DNA 复性动力学原理来富集一个样品中有 DNA 而另一个样品中没有 DNA。消减杂交对象可以是核 DNA，用于克隆两样品中特异性存在的基因；也可以是 cDNA，用于分析两样品中差异表达的基因。其基本步骤是：将过量的用超声波随机切割并用生物素标记的 Driver DNA（缺失突变体 DNA）和经 *Sau*3A I 或 *Mbo* I 酶切的 Tester DNA（测试的目的 DNA）混合，煮沸变性后在一定温度下复性，使它们间的同源序列形成双链，而目的 DNA 序列呈单链状态，用抗生物素蛋白包裹的小颗粒不断除去双链 DNA 序列。经过多轮的变性和复性，特异性目的 DNA 片段得以富集，富集后的片段连上接头进行 PCR 扩增，用扩增的 DNA 标记探针筛选野生型核 DNA 或 cDNA 文库，就可分离目的基因。

（2）抑制消减杂交法

抑制消减杂交法（supression subtructive hybridization，SSH）由 Diatchenko 等首创，是一种以抑制 PCR 为基础的 cDNA 削减杂交法。抑制 PCR 是利用非目标序列两端的长反向重复序列在退火时产生一种特殊的二级结构，无法与引物配对而选择性地抑制非目标序列的扩增。其基本步骤是：提取 2 个待分析样品的 mRNA 并反转录成 cDNA，用识别四核苷酸位点的限制性内切酶 *Rsa* I 或 *Hae* III 酶切，形成 driver cDNA 和 tester cDNA；将 tester cDNA 分成均等的 2 份，各自连上不同的接头（52bp adaptor 1,54bp adaptor 2），将过量的 driver cDNA 分别加入 2 份 tester cDNA，使 tester cDNA 均等化。第 1 次杂交后，合并 2 份杂交产物，与新的变性单链 driver cDNA 退火杂交，杂交产物中除第 1 次杂交产物外，还产生一种新的具有两端接头的双链分子。用根据 2 个 adaptors 设计的内外 2 对引物进行巢式 PCR，使含 2 个接头的目的片段以指数形式扩增，其余片段或者没有接头序列或含相同接头的长反向重复序列在退火时产生一种特殊的二级结构而无法与引物配对扩增，或者只含单个接头而呈线性扩增。经过 2 次杂交、2 次 PCR 后，目的片段就得以富集分离，酶切去除接头的目的片段经 Northern 验证后，就可用作探针从 cDNA 文库或基因组文库中筛选出全长的 cDNA 或基因组 DNA 片段（基因）。此技术效率高，假阳性低，敏感程度高，但 mRNA 量要求较高，mRNA 丰度表达差别无法区别。

（3）代表性差式分析法

代表性差式分析法（representational difference analysis，RDA）是由 Lisitsyn 等在 DNA 消减杂交的基础上发展起来的。Hubank 等将其应用到克隆差异表达基因上，创建了 cDNA 差式分析法。RDA 技术充分发挥了 PCR 以指数形式扩增双链模板，以线性形式扩增单链模板的特性，通过降低 cDNA 群体复杂度和多次更换 cDNA 两端接头引物等方法，达到克隆基因的目的。将待分析的 1 对 DNA 或 cDNA 用限制性内切酶切割，接上寡核苷酸接头（adaptor），然后以寡核苷酸接头为引物进行 PCR 扩增，获得驱动扩增子（driver amplicons）和测试扩增子（tester amplicons）。去扩增子的接头，只在测试扩增子上连上新接头，然后将测试扩增子和大大过量的驱动扩增子混合在一起变性和复性，以新接头为引物进行 PCR 扩增。那些自身退火的 tester DNA，即与 driver DNA 有差别的特异 tester DNA 片段的两端能和引物配对,有效地进行 PCR 指数扩增,其余的双链分子或单链分子不能以这种形式扩增,使目的片段得以富集。driver DNA 与 tester DNA 通过多次的差式杂交和差式 PCR 分离的目的基因片段,经 Northern 杂交验证后用作探针就可从 cDNA 文库或基因组文库中筛选出全长的基因。朱玉贤等首先将 RDA 技术应用于植物分子生物学研究,成功地鉴定出豌豆中受 GA 抑制的 cDNA 差异片段(基因),初步显示出 RDA 技术在克隆植物基因上的应用前景。

(4) mRNA 差别显示法

DDRT-PCR 技术即 mRNA 差别显示技术(differential display),是 Liang 等于 1992年建立的。所有的 mRNA 都有 3′-端 Poly(A)的尾巴,而在 Poly(A)前面的 2 个碱基除了倒二位碱基为 A 外,只有 12 种结合(如 5′…CGAAA…AA3′,5′…AGAAA…AA3′等)。利用这一特征设计 3′-端锚定引物,将 mRNA 分成不同的群体。锚定引物的通式是 Oligo(dT)$_{12}$MN,其中 M 为 A、C、G 中的任意一种,N 为 A、C、G、T、中的任意一种,所以共有 12 种 Oligo(dT)$_{12}$MN 引物。用其中的一个引物进行反转录,将获得 1/12 的亚群体,然后用 1 个 5′-端的随机引物对这个 cDNA 亚群体进行 PCR 扩增。因为这个 5′-端引物将随机结合在 cDNA 上,因此来自不同 mRNA 的扩增产物是有差异的,这就是差异表达的 cDNA 片段。差异 cDNA 片段经 Northern 杂交验证后用作探针就可从 cDNA 文库或基因组文库中筛选出完整基因。DDRT-PCR 技术问世后,因其操作较简便、灵敏度高而受到重视,已进行了大量研究使这项技术不断完善,同时克隆出多种植物基因或 cDNA片断,显示出广泛的应用前景。

(5) cDNA-AFLP 技术

cDNA-AFLP(cDNA-amplified fragment length polymorphism)是 Bachem 等(1996)在 AFLP 技术上发展起来的一种实用的功能基因组研究方法,可对生物体转录组进行全面、系统的分析,是研究基因组转录概况极好的工具,是一种有效的研究基因表达的技术,具有重复性高、假阳性低、稳定、可靠的特点,且不需要预先知道序列信息,所需仪器设备简单,能准确地反映基因间表达量的差异,得到大量差异表达的转录衍生片段(transcript-derived fragment,TDF)。其基本原理是:以纯化的 mRNA 为模板,反转录合成 cDNA。用识别序列分别为 6bp 和 4bp 的两种限制性核酸内切酶切双链 cDNA,酶切片段与人工接头连接后,利用与接头序列互补的引物进行预扩增和选择性扩增,扩增产物通过聚丙烯酰胺凝胶电泳显示。

以 PCR 扩增为基础的 DDRT-PCR 和 cDNA-AFLP 是目前较为常用的分析差异表达基因的方法。DDRT-PCR 使用随机引物,退火温度低,引物可在多个位点结合,扩增产物不仅依赖于 cDNA 的初始浓度,还与引物和模板的结合质量有关。因此,DDRT-PCR假阳性高,重复性差,难以对基因表达进行全面的分析。cDNA-AFLP 则利用特异引物扩增,提高了 PCR 反应的严谨性,克服了 DDRT-PCR 的不足。

5. 基因序列同源克隆法

植物的种、属之间,基因编码序列的同源性大大高于非编码区。如果已经从植物或微生物中分离到一个基因,就可以根据该基因的序列从另一种植物中分离这个基因。分离方法主要有两种:一是根据基因序列设计一对寡核苷酸引物,以待分离此基因的植物核

DNA 或 cDNA 为模板,进行 PCR 扩增,对扩增产物进行测序,并与已知基因序列进行同源性比较,最后经转化鉴定确认是否为待分离的基因;二是用已知序列的基因制备探针,筛选待分离基因的植物核 DNA 或 cDNA 文库,再对阳性克隆进行测序,并与已知基因序列进行同源性比较,最后经转化鉴定是否为待分离的基因。

根据已知序列设计引物通过 PCR 分离植物基因时,引物的设计往往以该基因的两末端序列为依据。但许多基因两末端不具保守序列,或两末端虽具有保守序列却不适宜设计为 PCR 引物,在这种情况下可以从基因内部寻找保守序列并设计引物,通过 PCR 扩增出基因的部分序列,再以此序列标记探针筛选核 DNA 或 cDNA 文库获得完整基因或用 cDNA 末端快速扩增技术得到全长基因。利用这种方法已分离了大量植物基因。

cDNA 末端快速扩增技术(rapid amplification of cDNA ends,RACE)是一种基于 PCR 从低丰度的转录本中快速扩增 cDNA 的 5' 和 3' 端的有效方法,以其简单、快速、廉价等优势而受到越来越多的重视。

经典的 RACE 技术是由 Frohman 等(1988)发明的一项技术,主要通过 RT-PCR 技术由已知部分 cDNA 序列来得到完整的 cDNA 5' 和 3' 端,包括单边 PCR 和锚定 PCR。

该技术提出后已经过不断发展和完善,对传统 RACE 技术的改进主要是引物设计及 RT-PCR 技术的改进:改进之一是利用锁定引物(lock docking primer)合成第一链 cDNA,即在 Oligo(dT)引物的 3' 端引入两个简并的核苷酸[Oligo(dT)-30MN,M＝A/G/C,N＝A/G/C/T],使引物定位在 Poly(A)尾的起始点,从而消除了在合成第一条 cDNA 链时 Oligo(dT)与 Poly(A)尾的任何部位的结合所带来的影响;改进之二是在 5' 端加尾时,采用 Poly(C),而不是 Poly(A);改进之三是采用莫洛尼氏鼠白血病毒(MMLV)反转录酶,能在高温(60～70℃)有效地反转录 mRNA,从而消除了 5' 端因为高 GC 含量导致的 mR-NA 二级结构对反转录的影响;改进之四是采用热启动 PCR(hot start PCR)技术和降落 PCR(touch down PCR)技术提高 PCR 反应的特异性。

随着 RACE 技术日益完善,目前已有商业化 RACE 技术产品推出,如 SMART TM RACE 试剂盒等。

SMARTTM 3'-RACE 的原理是利用 mRNA 的 3' 端的 Poly(A)尾巴作为一个引物结合位点,以连有 SMART 寡核苷酸序列通用接头引物的 Oligo(dT)-30MN 作为锁定引物,反转录合成标准第一链 cDNA。然后用一个基因特异引物(gene specific primer,GSP)作为上游引物,用一个含有部分接头序列的通用引物 UPM(universal primer,UPM)作为下游引物,以 cDNA 第一链为模板,进行 PCR 循环,把目的基因 3' 端的 DNA 片段扩增出来。

SMARTTM 5'-RACE 的原理是先是利用 mRNA 的 3' 端的 Poly(A)尾巴作为一个引物结合位点,以 Oligo(dT)-30MN 作为锁定引物在反转录酶 MMLV 作用下,反转录合成标准第一链 cDNA。利用该反转录酶具有的末端转移酶活性,在反转录达到第一链的 5' 端时自动加上 3～5 个(dC)残基,退火后(dC)残基与含有 SMART 寡核苷酸序列 Oligo(dG)通用接头引物配对后,转换为以 SMART 序列为模板继续延伸而连上通用接头(figure 2)。然后用一个含有部分接头序列的通用引物 UPM 作为上游引物,用一个基因特异引物 2——GSP$_2$ 作为下游引物,以 SMART 第一链 cDNA 为模板,进行 PCR 循环,把目的基因 5′ 端的 cDNA 片段扩增出来。最终从 2 个有相互重叠序列的 3′ / 5′-RACE 产物中获得全长 cDNA,或者通过分析 RACE 产物的 3′ 和 5′ 端序列,合成相应引物扩增出全长 cDNA。

利用 RACE 技术克隆目的基因有许多方面的优点:①此方法是通过 PCR 技术实现的,无需建立 cDNA 文库,可以在很短的时间内获得有利用价值的信息;②节约了实验所花费的经费和时间;③只要引物设计正确,在初级产物的基础上可以获得大量的感兴趣基因的全长。

第三节　果树的遗传转化

基因工程的诞生和发展是与基因转移方法的出现和发展分不开的。为了实现不同的目标,就需要各种各样的基因转移方法。一般来说,向植物中转移基因,存在的困难要比微生物和动物多些,但由于植物基因工程对作物改良的重要性,近年来获得了迅速发展,各种基因转移方法层出不穷。建立良好的基因转化的离体再生系统即基因转化的受体系统也是植物基因工程的重要前提条件,基因转化受体系统的建立,主要依赖于植物组织培养技术。

一、植物基因转化的受体系统

成功的基因转化首先依赖于良好的植物受体系统的建立。所谓的植物基因转化受体系统,是指用于转化的外植体通过组织培养途径或其他非组织培养途径,能高效稳定地再生无性系,并能接受外源 DNA 的整合,对转化选择新抗生素敏感的再生系统。

1. 植物基因转化受体系统的条件

(1) 高效稳定的再生能力

用于植物基因转化的受体通常称为外植体,植物基因转化外植体必须容易再生,有很高的再生频率,并且具有良好的稳定性和重复性。从理论上讲任何植物任何部位的体细胞都具有细胞全能性,能再生成植株。但是目前有些植物还没有建立起自己高效稳定的再生系统。由于植物基因的转化频率较低,一般只有 0.1% 左右的转化率。要想获得尽量高的转化率,用于基因转化的受体系统应具有 80%~90% 稳定的再生频率,并且每块外植体上必须能再生出丛生芽,其芽数量越多越好,这样才有获得高频率转化植物的可能。

(2) 较高的遗传稳定性

植物基因转化是有目的地将外源基因导入植物并使之整合、表达和遗传,从而修饰原有植物遗传物质、改造不良的园艺性状。这就要求植物受体系统接受外源 DNA 后不应影响其分裂分化,并能稳定地将外源基因遗传给后代,保持遗传的稳定性,尽量减少变异。在组织培养中普遍存在变异,变异与组织培养的方法、再生途径及外植体的类型都有关系,因此在建立基因转化受体系统的再生体系时要充分考虑到这些因素,确保转基因植物的遗传稳定性。

(3) 具有稳定的外植体来源

要建立一个高效稳定的再生系统用于基因转化,还需要有稳定的外植体来源,也就是说外植体比较容易大量得到。因为基因转化的频率低，需要多次反复地试验，所以需要大量的外植体材料。转化的外植体一般采用无菌实生苗、胚轴和子叶等。

（4）对选择性抗生素敏感

在基因转化中用于筛选转化体的抗生素称为选择性抗生素，要求植物受体材料对选择性抗生素有一定的敏感性，即当添加在选择培养基中的选择性抗生素达到一定浓度时，能够抑制非转化植物细胞的生长、发育和分化；而转化的植物细胞由于携带该抗生素的抗性基因能正常生长、分裂和分化，最后获得完整的转化植株。

（5）对农杆菌侵染有敏感性

如果是利用农杆菌介导的植物基因转化，则还需要植物受体材料对农杆菌敏感，这样才能接受外源基因。植物对农杆菌的敏感程度不一样，不同的植物，甚至是同一植物的不同组织细胞对农杆菌侵染的敏感性也有很大的差异。因此在选择农杆菌转化系统前必须测试受体系统对农杆菌侵染的敏感性，只有对农杆菌侵染敏感的植物材料才能作为受体系统。

2. 植物基因转化受体系统的类型及其特性

（1）植物组织受体系统

受伤的细胞容易受到病毒或质粒的感染。这些病毒或质粒上的某些 DNA 片段通过各种不同的方式转移到受伤的植物细胞，并形成愈伤组织。愈伤组织可以培养成完整的转化植株。该受体系统转化率高，可获得较多的转化植株，取材广泛，适用性广。但再生植株无性系变异较大，转化的外源基因稳定性差，嵌合体多。

（2）原生质体受体系统

原生质体是植物细胞除去细胞壁后的部分，是一个质膜包围的"裸露细胞"。原生质体在合适的条件下具有分化、繁殖并再生成完整植株的能力，具有全能性。原生质体在体外比较容易完成一系列细胞操作或遗传操作，相互之间可以发生细胞融合，而且还可以直接高效地捕获外源基因，嵌合体少。但缺点是培养周期长，难度大，再生频率低。

（3）生殖细胞受体系统

生殖细胞受体系统是以植物生殖细胞如花粉细胞、卵细胞为受体细胞进行基因转化的系统。目前主要以两个途径利用生殖细胞进行基因转化：一是利用组织培养技术进行花粉细胞和卵细胞的单倍体培养，诱导愈伤组织细胞，进一步分化发育成单倍体植株，从而建立单倍体的基因转化系统；二是直接利用花粉和卵细胞受精过程进行基因转化，如花粉管导入法、花粉粒浸泡法、子房微针注射法等。由于该受体系统与其他受体系统相比有许多优点，如具有全能性的生殖细胞直接为受体细胞，具有更强的接受外源 DNA 的潜能，一旦将外源基因导入这些细胞，犹如正常的受精过程会收到"一劳永逸"的效果；利用植物自身的授粉过程，操作方法方便、简单。不足之处是利用该受体系统进行转化受到季节的限制，只能在短暂的开花期进行，且无性繁殖的植物不能采用。

二、农杆菌介导的基因转移

随着转基因技术研究的不断深入，农杆菌介导法自 1983 年第一株农杆菌介导的转基因烟草问世以来，由于其具有操作简单、成本低、重复性好、转化率高、基因沉默现象少、转育周期短、可插入大片段 DNA 等诸多优点已获得突飞猛进的发展。农杆菌介导法很快就成为其天然寄主——双子叶植物基因转移的主导方法。已获得的近 200 种转基因植物中,有约 80% 来自于根癌农杆菌介导法。但由于单子叶植物不是农杆菌的天然宿主,利用农杆菌转化单子叶植物一度被认为是不可能的。随着人们对农杆菌介导法转化机制的了解及转化方法的改进,农杆菌介导法逐渐开始应用于单子叶植物的基因转化研究,重要粮食作物的基因转化研究也取得突破性进展。

用于植物遗传转化的农杆菌有根癌农杆菌和发根农杆菌两种,其中主要用的是根癌农杆菌。根癌农杆菌含有 Ti 质粒,侵染植物细胞后,能够诱发冠瘿瘤;发根农杆菌含有 Ri 质粒,诱导侵染后的植物产生毛发状根。农杆菌之所以能够介导基因发生转化,是因为 Ti 质粒存在着可转移至植物细胞,并能整合进植物基因组得以表达的 T-DNA 区段。T-DNA 的转移与边界序列有关,而与 T-DNA 区段的其他基因或序列无关,因此可以将 T-DNA 区段上的致瘤基因和其他无关序列去掉,插入外源目的基因,从而实现利用 Ti 质粒作为外源基因载体的目的。这使人们受到启发,利用根癌农杆菌 Ti 质粒这一天然的载体来构建植物基因工程载体,将目的基因插入到经过改造的 T-DNA 区,借助农杆菌的感染实现外源基因向植物细胞的转移与整合,并利用植物细胞的全能性,经过细胞或组织培养,由一个转化细胞再生成完整的转基因植株。整合进植物基因组的 T-DNA 片段能够通过减数分裂传递给后代从而得到稳定遗传的具有某种功能的转基因株系。针对不同的转基因受体及不同转化目的,现在已建立多种转化方法。植物转基因受体可以是离体的组培材料,也可以是非组培材料。

1. 整体植株接种共感染法

所谓整体植株接种转化法,是指人为地在整体植株上造成创伤部位,一般用无菌的种子实生苗或试管苗,然后把农杆菌接种在创伤表面,或用针头把农杆菌注射到植物体内,使农杆菌按照天然的感染过程在植物体内进行侵染,获得转化的植物愈伤组织或转基因植株。接种后 2～3 周,切下接种处部分组织培养 4 周,可产生愈伤组织,进一步通过分化培养可获得转基因植株。该方法的优点是:实验周期短,充分利用无菌实生苗的生长潜力;避免在转化过程中其他细菌的污染;菌株接种的伤口与培养基分离,以免农杆菌在培养基上过度生长;允许在无抗生素的培养基上进行;具有较高的转化成功率。该方法的最大问题是转化组织中常混有较多未转化的正常细胞,即形成严重的嵌合体;其次是需要大量的无菌苗,转化细胞的筛选比较困难。

2. 离体器官、组织转化法

最早采用离体器官进行基因转化的是 Horsch 等(1985)发展的叶盘转化法,所谓叶盘是先将叶片进行表面无菌消毒,用经过消毒的无菌不锈钢打孔器从叶片上取下的叶圆片。改良的叶盘转化法可适用于其他外植体,如茎段、叶柄、上胚轴、下胚轴、子叶、愈伤组织等。不同的外植体其转化频率和再生难易程度都有差异,因此应根据不同的植物基因型选择合适的外植体。通过离体器官、组织实现基因转移的方法如下:将外植体放在对数生长期的农杆菌的菌液中浸泡数秒后,这种经接种处理的叶盘,在饲养平皿的滤纸上培养 2～3d,待外植体周围的菌株生长到肉眼可见菌落时,将滤纸连同叶盘转移到含有抑菌剂的培养基上除去农杆菌,同时在该培养基中加入抗生素进行转化体的筛选与再生,接着再转移到生根培养基上诱导幼芽生根,经过3~4周培养即可获得转化的再生植株。利用离体器官、组织转化法适用性广,对那些能被根瘤土壤杆菌感染的、并能从外植体再生植株的各种植物都适用。这种方法操作方便简单,获得转基因植株的周期短并具有很高的重复性,便于在实验室内进行大量常规培养。

3. 原生质体共培养转化法

原生质体共培养法,是指将根癌农杆菌同刚刚再生出新细胞壁的原生质体作短暂的共同培养,以便促使植物细胞发生转化。因此,共同培养法也可看作在人工条件下诱发植物肿瘤的一种体外转化法。

共培养法转化植物细胞,要求有一定的条件。原生质体出现新形成的细胞壁物质是基本条件之一。此外,二价离子的螯合物 EDTA 可以抑制根癌农杆菌对植物细胞壁的吸附及转化作用。这种方法的优点在于可以从同一转化细胞产生出一批遗传上同一的转基因植物群体。它的缺点是,只有活性非常高的健康的原生质体才能进行共培养转化,因此该方法只能适用于为数不多的几种植物。

4. 农杆菌介导的 floral-dip 转化方法

农杆菌介导的 floral-dip 转化方法是近年发展起来的一种简便、快速、高效、重复性好、稳定性高的非组织培养转基因方法,主要运用于拟南芥 T-DNA 或转座子插入突变体库的构建和功能基因组研究。其最大的优点在于能直接获得转化的种子,避开了组织培养和继代培养,排除了组织培养中因体细胞变异给目的基因的正确表达及分子遗传学研究带来的极为不利的遗传背景,同时为一些不易建立遗传再生体系的作物类型提供了基因转移的新途径。floral-dip 转化方法目前主要应用于十字花科植物,现已成功应用于拟南芥、萝卜、苜蓿、油菜等植物中。与真空渗透转化法相比,农杆菌介导 floral-dip 转基因方法只需将农杆菌菌液与植株的花接触而不需要进行真空处理。所不同的是在菌液中加入一种表面活性剂物质 SilwetL-77。在 floral-dip 转化过程中,当花序与农杆菌菌液接触时在表面活性剂作用下,农杆菌进入受体植株细胞外空间,并保持不活跃状态,直到受体植株开花授粉形成配子体后,某一天被配子体组织的某一特殊细胞类型激活而发生转化。农杆菌介导的 floral-dip 转基因方法是一种新兴的转基因方法,还存在很多方面的问题。对影响它转化的相关因子,如植物不同的发育时期、表面活性剂、浸渍次数、浸渍时间等还没找到最佳配合方案,且农杆菌介导的 floral-dip 转基因方法存在不同物种上适应性差、转化频率悬殊较大的问题,如拟南芥要比十字花科其他作物的转化频率高出 4~5 倍。处理不同受体需要找到不同组合的转化条件,并且其转化机制还需进一步研究。

三、目的基因的直接转化方法

农杆菌介导基因转化分子机制的阐明打开了利用自然的基因转化载体系统的大门,并已取得可喜的成果。DNA 直接导入法一度被冷落,但是由于农杆菌载体转化不是对所有的植物有效,人们又回过头来重新利用先进的分子生物技术研究 DNA 直接导入的转化方法,因为这一方法从根本上克服了 Ti 质粒的缺陷,使受体植物范围大大扩展。

DNA 直接导入转化就是不依赖农杆菌载体和其他生物媒体,将特殊处理的裸露的 DNA 直接导入植物细胞,实现基因转化的技术。常用的 DNA 直接转化技术根据其原理可分为化学法和物理法两大类。

1. 化学法

植物原生质体在没有载体的情况下,借助一些化学试剂的诱导能吸收外源 DNA、质粒等遗传物质,并有可能整合到植物染色体上。化学法目前主要有两种方法:PEG 介导法和脂质体介导法。

(1) PEG 介导法

PEG(聚乙二醇)法主要原理是化合物聚乙二醇在磷酸钙及高 pH 条件下诱导原生质体摄取外源 DNA 分子。PEG 是一种细胞融合剂。它可以使细胞膜之间或使 DNA 与膜之间形成分子桥,促使相互之间的接触和粘连。还可以引起膜表面电荷的紊乱,干扰细胞间的识别,从而有利于细胞膜之间的融合和外源 DNA 进入原生质体。一般 PEG 浓度较低时,不会对原生质体造成伤害,而获得的转基因植株来自同一个细胞,避免了产生嵌合转化体,转化稳定性和重复性好,容易选择转化体,受体植物不受种类的限制,但对原生质体培养和再生困难的植物难以利用,且转化率低。这种方法首先用在模式植物烟草上,转导像 Ti 质粒那样比较大的质粒。在添加 PEG 和外源 DNA 时,人们已成功地将外源基因整合到原生质体基因组,并得到表达,利用原生质体的全能性,目前此种方法已在多种禾谷类作物如水稻、大麦、玉米及一些双子叶植物中获得了转基因植株。

(2) 脂质体介导基因转化

脂质体法是用脂类化学物包裹 DNA 成球体,通过植物原生质体的吞噬或融合作用把内含物转入受体细胞。

脂质体是由磷脂组成的膜状结构,将磷脂悬浮于水中,在适当条件下,受到高能声波处理时,磷脂分子群集在一起形成密集的小囊泡状结构,称为脂质体。用脂质体包裹一些 DNA、RNA 分子就成了一种人工模拟的原生质体,它的外膜相当于人造的细胞质膜。然后与植物原生质体共保温,于是脂质体与原生质体膜结构之间发生相互作用,而后通过细胞的内吞作用将外源 DNA 导入植物的原生质体。这种方法具有许多优点,包括可保护 DNA 在导入细胞之前免受核酸酶的降解作用,降低了对细胞的毒性效应,适用的植物种类广泛,重复性高,包装在脂质体内的 DNA 可稳定地贮藏等。

但单独应用化学法进行转化较难成功,若与其他方法(如电击法,基因枪等方法)结合应用,转化效率可大为提高。Shillito 等(1985)将 PEG 及电击法结合起来,使烟草原生质体转化率达 2%,比单独使用 PEG 效率提高了 1000 倍。

2. 物理法

物理转化方法是基于许多物理因素对细胞膜的影响,或通过机械损伤直接将外源 DNA 导入细胞。它不仅能够以原生质体为受体,还可以直接以植物细胞乃至组织、器官作为靶受体,因此比化学法更具有广泛性和实用性。常用的物理方法有电击法、超声波法、显微注射法和基因枪法。

(1) 电击法

电击法是一种正在广泛使用的新方法,最初是由弗罗拇(Fromm)报道的,并由李宝健等于 1985 年首先应用于植物细胞。

首先是将原生质体在溶液中与 DNA 混合,利用高压电脉冲作用在原生质体膜上"电击穿孔"，形成可逆的瞬间通道，从而促进外源 DNA 的摄取。此法在动物细胞中应用较早并取得很好效果，现在这一方法已被广泛用于各种植物中。不但原生质体而且完整的单细胞也可利用此法，这对于那些难以从原生质体再生植株的植物或许有更大意义。

电击的处理方式对转化率有着决定性的作用，有两种不同的处理方式：一种是较低的电压，处理较长的时间（350V/cm，54s）；另一种是高电压，短时间处理（1.00～1.25kV/cm，10s）。一般常用第二种处理方式。电击法除了同样具有 PEG 原生质体转化的优点外，还具有操作简便，DNA 转化效率高的优点，特别适于瞬时表达的研究。缺点是易造成原生质体的损伤，且仪器也较昂贵。

（2）超声波法

超声波法的基本原理是利用低声强脉冲超声波的物理作用，击穿细胞膜造成通道，使外源 DNA 进入细胞。

具体的操作过程：取无菌的试管苗中部展开的叶片，切成小块，并在叶片上针刺若干小孔，放入超声小室中。同时加入 5％ DMSO 缓冲液 3ml，质粒 DNA 20μg/ml 及鲑鱼精 DNA 40μg/ml，室温下超声处理 30min。

超声波有机械作用、热化作用和空化作用的特点，还有穿透力大，在液体和固体中传播衰减小，界面反射造成叶片组织受超声波作用的面积较大等特点，可能是高效短暂表达和稳定转化的重要原因，这些特点使该方法有操作简单、设备便宜、不受宿主范围限制、转化率高等优点。

（3）显微注射法

显微注射进行基因转化是一种比较经典的技术，其理论和技术方面的研究都比较成熟，特别是动物细胞或卵细胞的基因转化，核移植及细胞器的移植方面应用也很多，并已取得重要成果。植物细胞的显微注射在以前使用很少，但近年来发展很快，并在理论技术上有所创新。

显微注射法是将外源 DNA 直接注入植物细胞的方法，其发展在很大程度上得益于动物细胞黏附于玻片表面生长的特性，但由于植物细胞没有这一特性，于是人们便试图先将植物细胞进行固定，常用的方法有：①琼脂糖包埋法；②聚赖氨酸粘连法；③吸管支持法。然后用非常精细的玻璃管（内径 0.1～0.5μm）把 DNA 直接注射到固定好的单个活细胞中。这一操作过程需要借助一个由显微镜和纤细的微型操作器构成的精致装置才能完成。微注射的一个缺点是被注射的细胞数量较少，不过在每个被注射的细胞中 DNA 插入的成功率较高。据 Corssway 等对烟草原生质体进行的微注射结果，平均转化率高达 6％（胞质注射）和 14％（核内注射），用此法还成功地转化了苜蓿和玉米原生质体。此外，显微注射法也可应用于花粉、子房等，克服了用原生质体作受体带来的培养上的困难。

（4）基因枪法

克莱因（Klein）等 1987 年首次用基因枪轰击洋葱上表皮细胞，成功地将包裹了外源 DNA 的钨弹射入其中，并实现了外源基因在完整组织中的表达。这一方法要使用一种仿枪结构的装置——基因枪，枪管的前端是封口的，上面只有直径 1mm 左右的小孔，弹头不能通过。其具体操作是将直径 4μm 左右的钨粉或其他重金属粉在外源 DNA 中形成悬浮液，这样外源 DNA 会被吸附到钨粉颗粒的表面，再把这些吸附有外源遗传物质的金属颗粒装填到圆筒状弹头的前端,起爆后,弹头加速落入枪筒,在枪筒口附近被挡住,而弹头前端所带的钨粉颗粒在惯性作用下脱离弹头,以高速通过 1mm 的小孔直接射入受体,其表面吸附的外源 DNA 也随之进入细胞。也可以用高压放电或高压气体使金属粒子加速。

这一方法与显微注射法相比,具有一次处理可以使许多细胞转化的优点,受体可以是植物组织也可以是细胞。另外,也有对未成熟胚进行轰击并实现转化的报道。但这种方法转化率低,外源 DNA 整合机制不清楚。

四、利用植物的种质系统进行外源基因的导入

利用植物的种质系统进行外源基因的导入是直接利用花粉和卵细胞受精过程进行基因转化,主要有花粉管导入法、花粉粒浸泡法、子房微针注射法等。花粉管导入法是将外源的 DNA 片段在自花授粉后的特定时期注入柱头或花柱,使外源 DNA 沿花粉管通道进入胚囊,转化受精卵或其前后细胞,转化率高达 10%。这一方法的建立开创了整株活体转化的先例,可以应用于任何开花植物。

这些方法均是当前的植物基因工程工作中较为成熟的和有成功报道的基因转移方法,每种方法都有自身的优点,但也有一些不足或者在应用范围上存在一些限制。今后,探索基因转移的途径似乎可以从以下 3 个方面进行考虑:①挖掘已有方法的潜力,扩大其应用范围并使之更加完善;②将几种方法结合使用,以取得单一的方法难以达到的效果;③探索新的方法和寻找新的载体。

第四节　影响果树转基因的因素

1. 基因型

基因型是影响植物遗传转化频率最重要的因素。果树树种的不同,同一树种的不同品种,农杆菌的感染能力、植株再生能力、生根能力及基因的转化频率均不同。目前已获得转基因较多的果树树种为苹果、柑橘、草莓和葡萄等。李昌珠等研究不同基因型欧洲梨离体繁殖,12 个参试品种中只有 5 个可以进行规模离体繁殖,其中'Koporeka'最易增殖,生根率高达 88.65%。而'Vila'连续培养 60d,仅有少量的外植体形成愈伤组织,无芽和根的分化。

2. 外植体种类及发育阶段

不同外植体的转化效率有很大差别。采用原生质体和悬浮培养细胞转化效率低,甚至得不到转化植株,但原生质体作外植体可以避免转化嵌合体的出现。为此,研究者对原生质体作了许多探索性实验,并取得了一定的成果。其中之一是,张克忠以葡萄的原生质体为外植体成功地获得苏云金杆菌内毒素蛋白基因的转基因植株。而采用上胚轴切段、子叶、节间部分及茎段时,转化效率相对较高,且以切段或茎段为外植体操作简单,实验成本也较低。

外植体的发育阶段也影响转化效率。不同树种,同一树种的不同品种,应根据自身特点选择合适的外植体种类和发育阶段。柑橘采用无菌播种的实生苗上胚轴切段为外植

体,转化效率比用成年的茎段作外植体时高。

3. 转化条件及培养方式

就大多数果树而言,农杆菌介导法是目前研究中常用的方法,相对于 DNA 直接转化法,其转化效率高。农杆菌介导转化中影响转化效率的因素很多:一是农杆菌菌株不同,转化效率不同;二是外植体培养方式不同,转化效率不同;三是培养基成分的差异也影响转化效率。李卫等运用农杆菌介导的附体腋芽转化-离体扩繁鉴定方式,将基因转入'沙田柚',比一般外植体培养方式更简单、快速;而刘庆忠等在已建立带有抗病基因农杆菌共培养体系下,却不能获得转化植株,而在培养基中加入 IBA 和 NAA,则使外植体基因的瞬时表达水平提高了 3～4 倍,共培养两周后,稳定表达水平提高了两倍以上。

4. 植株再生方式

果树转基因再生植株不定芽有两种培养方式:一是不定芽直接生根发育成完整植株;二是将不定芽进行茎尖微芽嫁接后再生成植株。不同树种不同品种采用方法不尽相同。在柑橘和苹果的再生植株获得过程中采用不定芽茎尖嫁接可大大提高转化频率。

总之,影响果树遗传转化频率的因素很多,要求实验者在实验设计的基础上,对实验的不同处理多加以思考,实验操作要规范、细致、谨慎,采用较优的手段、方法,以获得更高的转化频率。

第五节　转基因果树的鉴定及性状分析

一、转基因果树的检测

转基因植物的检测也是植物基因工程中重要的一环,是对果树转基因成功与否的判断。成功的基因转化首先是外源基因导入,这就需要对外源基因是否插入到受体果树基因组上进行鉴定。由于外源基因插入拷贝的数量会引起不同的剂量效应,而插入位点的不同则影响基因的表达效果及是否造成插入位点基因的突变等,这些也是外源基因鉴定的内容。一般来说,基因插入的理想情况应该是:单拷贝,插入非功能区,无位置效应,并有一定数量的转化植株供筛选。人们知道,很多果树可以通过无性繁殖使具有转化性状的新材料或新品种保持下去,但是,如果利用转基因的植物材料或品种作为育种亲本时,外源基因的遗传行为就需要验证。

果树遗传转化的外源基因较为复杂,是由标记基因、目的基因及报告基因构成的嵌合基因。一般来说,检测筛选外源基因是否转化成功,首先是对报告基因进行检测筛选,然后再进行目的基因的检测筛选。目的基因检测可以有选择地从不同的方面或在不同水平上进行检测,主要包括从个体或组织上的检测,DNA 水平的检测,RNA 水平的检测,蛋白质水平的检测,以及原位杂交的检测。

可以说,转基因植株的分子检测方法有许多种,不同的技术可以在不同的水平检测不同的内容。总之,在个体或组织水平,通过选择检测目标植物的标记基因与报告基因的存在;在 DNA 水平,则可通过 Southern 杂交、Southern 点杂交和狭线杂交、PCR-Southern 杂交、IPCR 等方法来检测,可检测植物基因组中是否有外源基因的整合或插入拷贝数,其中 IPCR 是检测外源基因在植物基因组中整合拷贝数的一种很有效方法;在 RNA 水平上,可通过 Northern 杂交和 RT-PCR 检测外源基因在植物细胞内是否正常转录,但这种检测并不能确认外源基因是否翻译;严格地说,有必要在蛋白质水平上进行分析,即通过 Western 杂交或 ELISA 检测有无外源基因在植物细胞内转录翻译的特异蛋白质。因此,理想的转基因状态,不仅要验证目的基因的导入,还要检测目的基因是否正常转录及是否可翻译成目标蛋白,最后还要鉴定是否表达出预期的目标性状。

二、转化果树的性状分析

果树遗传转化中将有用的目的基因转化到受体植株只是一种手段或措施,而获得具有目标性状的转基因植株才是真正的目的。因此,转基因植株的性状分析是对转基因工作最后也是最具权威的评价。在转基因植物中,以前对转基因植株及其后代农艺性状的表现和变异的研究报道不多,一则可能是由于主要集中于对转基因体系的研究,二是由于果树童期较长而缺少较综合与全面的研究。近几年在该方面的研究逐渐增加。

1. 转基因植株目标性状的分析

转基因植株目标性状的分析是一个对基因工程育种材料或植株进行性状分析与选择的工作,同时也是对分子水平鉴定出的表现较为一致的植株再进一步的性状分析。由于所利用基因的性质及所调控性状的特点,有的性状分析在转基因材料生长发育的前期即可进行,有的则需要根据成年结果期的性状资料加以分析。在后者情况中,必要的性状早期鉴定对于提高转基因果树植株选择的效率具有一定的意义。

2. 转基因植株的非目标性状

由于转基因技术中一些非预测性或者由于某些技术的成功性不高(如定点导入)可能会造成许多非目标性状的出现,可能会使植株退化,目标性状不出现,有的甚至出现有害性状,对生物安全性造成一定的影响。因此,鉴定分析出现的非目标性状,并淘汰携带该类性状的植株,对于提高转基因效果及生物安全性都具有重要意义。这类研究工作不仅重要,而且也需要大量的研究投入。当然,也有关于外源基因导入植物时可能是插入基因组中的某些位点引起突变而增加遗传多样性和选择机会的报道。所有这些应该根据实际研究情况加以分别对待,做到获得有益性状及淘汰不良乃至可能引起转基因安全性问题的性状。

第六节　提高转基因表达水平的若干技术途径

目前,普遍认为大多数转基因失活与重复拷贝有关。此外,DNA 的甲基化、染色质结构重排及转录后的衰退调控等都能够造成转基因失活。转基因失活可能是植物生长发育中的一种正常状态或者是植物对外源基因遗传物质"侵入"进行自我保护的一种机制,那么通过转化目的基因在受体细胞中的高效表达,可达到改良果树性状,提高外源基因的表达效率,这是基因工程成败的关键之一。

一、筛选单拷贝转基因株系

由于转基因失活与外源基因 DNA 多拷贝有关,通过后代有性分离筛选单拷贝转基因个体是一条切实可行的途径。此外,通过不同的转化方法也可降低多拷贝插入的频率。直接基因转化法通常采用大量的 DNA 转化,可获得较高的多拷贝基因植株;而农杆菌介导的转化,往往可获得较高比例的单拷贝基因植株。

二、核基质支架附着区序列 MAR 应用

细胞核基质支架(matrix attachment region,MAR)附着区是真核细胞核去除核小体中核心蛋白与连接蛋白后,牢固地附着在细胞核基质上的大量伸展成环状结构域的 DNA。每个环状结构的长度为 30～60kb,与基质结合的 DNA 顺序将各个 DNA 环隔开,形成结构区边界。已有的研究表明:转化外源基因在转录活跃的常染色体中,就能获得高水平的表达,相反,如果在转化外源基因插入在重复序列或异染色质区中,则其表达活性明显下降。染色质的结构变化与核基质蛋白结构有关,核基质结合的 DNA 区又称为支架附着区,它可在形成 DNA 环状结构域中起重要作用。MAR 序列位于转录活跃的 DNA 环状结构域边界,从而阻断了附件序列对基因表达的影响,有利于表达。

三、诱导型启动子的使用及转化基因表达调控系统建立

如何使转化基因能进行组织特异或发育阶段特异性表达,同时能控制基因表达时间和表达量是目前研究的重点。通过使用诱导型启动子,在目的基因上游设立一个有效的"基因开关",接受外源激素,药物等激活因子的调控,就使该调控系统准确地控制基因定位、定时及定量地表达成为可能。

真核生物转录因子的 DNA 结合区与转录激活区不仅能各自独立发挥作用,而且将不同来源的 DNA 结合区和转录激活区共价结合或通过配体非共价结合,也能正常发挥转录激活作用。控制外源基因表达调控系统建立的共同特点是:由药物或激素等配合体结合区,DNA 结合区与转录激活区三部分组成反式激活因子,通过配体与其结合或分离,激活或阻断它与其目的基因上游顺式作用元件的相互作用,从而达到控制目的基因的表达。这些系统还可通过连接组织特异启动子或发育阶段特异启动子对基因进行更精确的控制。

Tet 调控系统。它是建立在阻遏蛋白与转录相关蛋白在空间构型相互作用基础上,利用大肠杆菌转座子 Tn10 的抗四环素操作子构建而成,故称为四环素类调控系统。

脱皮激素类调控系统。该系统是经过修饰的脱皮激素受体因子 VpEcR(包含一个 DNA 结合区和一个 VP1b 激活区)及其天然配体 USP(ultraspirate protein),在脱皮激素或其类似物幕黎甾酮存在时,迅速结合成异源二聚体 VpEcR-RXR(USP 同源物)。该二聚体可激活含有其效应因子 EcRE 的启动子,从而开启了由其后引导的目的基因转录。

SA 和 BTH 诱导表达系统。一些植物本身存在可被化学物质诱导的启动子,激素、硝酸盐和植物防御反应的激发子均可用来诱导基因表达,但由于它们在植物体内引起的多重效应使其相对应的启动子不适合用于研究活体内基因的功能,也不能作为目的基因

表达和诱导剂。

四、增强子的正确利用

从植物基因中分离相应的增强子并构建嵌合基因,可望确保转化基因按照合适的调控模式表达,消除因基因表达在时空上的专一性所产生的失活问题。增强子对转录的调控特性有:①增加作用元件位置与取向性,即增强子的排列方向及与基因的距离均能表现出增强效应;②增强效应明显性,一般增强子能使基因转录频率增强 10~200 倍,有的达上千倍;③序列重复性,即增强子大多为重复系列,一般长度约 50bp,适合于某些蛋白因子结合;④组织和细胞特异性,只有特定的蛋白质参与才能发挥其功能;⑤无基因专一性,可以在不同的基因组合上表现增强效应;⑥增强子的可调控性,增强子可受外部信号的调控。

五、优化先导系列,提高翻译效率

5′端翻译先导序列对翻译效率起重要作用。翻译先导序列的长度和二级结构被认为是重要决定因素。在翻译起始时,先导序列与核糖体结合,形成适当的结构识别起始密码子。

第七节　转基因技术在果树育种中的应用

利用转基因技术进行作物品种改良已经成为一种全新的育种途径,通过将优良的外源基因导入育种材料,可以取得常规育种难以获得的突破性进展。自 20 世纪 70 年代重组 DNA 技术创建到 1983 年第一株转基因烟草获得以来,至今已有 35 个科 120 种植物转基因获得成功。目前种植的转基因作物主要为大豆、玉米、棉花、油菜等,其中转基因大豆的种植面积最大。转基因果树虽然起步较晚,但由于果树在人们生活中的重要价值,利用基因工程改良果树的研究近年来也得到了快速发展。

1. 促进果树发根

果树组织培养或枝条扦插不易发根,而采用发根农杆菌介导法转化植株可促其发根。现在通过野生型发根农杆菌转化或带有发根农杆菌 *rol* 基因的致瘤农杆菌转化已成功解决这一难题。唐岱、李名扬等用含有 Ri 质粒的野生型发根农杆菌毒性菌株 R1000、15834 和 A4 侵染实美橙(*Citrus sinensis*)子叶外植体得到了发根能力增强的转化植株,其中李名扬发现 A4 菌株的感染能力最强,并且能够提高外植体转化效率。Zhang 等将 3 种改造的 prolC 质粒分别转化根癌农杆菌 LBA4404,然后侵染苹果砧木西府海棠(*Malus micromalus*),转化植株发根能力得到明显增强,并且具有一定的矮化效果,但转化预培养外植体效率差于直接感染。

2. 缩短果树童期

利用成花基因可以缩短果树的童龄期,促其提前开花。刘静等采用农杆菌介导法成功地将 *LFY* 基因导入苹果品种'嘎拉',从而促进果树早花,获得'嘎拉'早熟新种质。Cervera 等将花分生组织特异性基因 *APETALA1*(*AP1*)通过农杆菌介导法转化枳橙

（Citrange），大大地缩短了果树童期，转基因植株生长 1 年就能开花结果。

3. 抑制果实成熟衰老

大多数果树果实成熟后迅速软化，导致贮藏期和货架期均比较短，不利于水果长时间保存和长距离运输，这是长期困扰果树产业发展的一个突出问题。通过基因工程手段对这一特性进行遗传改良，就能够解决果实采后软化这一问题。多聚半乳糖醛酸酶（PG）是一种水解酶，能够催化果胶降解，导致细胞壁结构解体而使果实软化。大多数研究认为 PG 在苹果、番茄、香蕉、梨等果实成熟软化过程中发挥主导作用。李曜东等将 PG 反义基因转化肥城桃组培苗茎段，获得了能延迟果实变软的转基因植株，并建立了高效遗传转化体系。乙烯是一种重要的植物激素，它能够促进果实软化衰老，ACC 合成酶（ACS）和 ACC 氧化酶（ACO）是植物乙烯生物合成关键酶。Dandekar 等分别将 ACS 和 ACO 的正义和反义基因转化到苹果品种'绿袖'（Greensleeves）中，成熟期转基因植株果实中乙烯合成会受到抑制，而糖、有机酸、醛和醇的合成则不会受到影响。Gao 等将梨树自身的 ACO 基因序列分别连上正反启动子转移到梨（Pyrus communis cv. 'La France'），发现被转入反义链的植株极大地抑制了乙烯的积累，且有早花现象。

4. 改良果实品质

钙是植物体内一种必需的营养元素，喷施钙肥能有效提高果实含糖量、维生素 C 含量，增强果实硬度，降低果实的发病率和烂果率。此外，它还是植物细胞偶联胞外信号与胞内生理生化反应的胞内第二信使。目前，已经从果树上克隆了一些与钙离子信号转导有关的基因，如猕猴桃钙调蛋白（CaM）基因，葡萄果实钙依赖蛋白激酶（ACPK1）基因和苹果果实钙依赖蛋白激酶（MdCPK1）基因等。曹艳红等利用双链 RNA 干扰（dsRNAi）技术来抑制苹果多酚氧化酶基因 APPO 的表达，能够有效减缓转基因植株褐化现象。叶霞等研究发现，在果实特异表达启动子 2A11 的驱动下铁结合蛋白（ferritin）基因能够显著提高转基因'皇家嘎拉'果实中的含铁量。

5. 果树抗逆性的增强

面对不断恶化的生态环境，为从根本上解决低温、干旱和盐碱等非生物胁迫对果树生长发育的不良影响，培育抗逆性强的果树品种是中国转基因果树育种研究的一个重要方向。例如，将抗冻蛋白 AFP 基因导入杏而培育出了耐寒的转基因杏；也培育出了转甜菜碱醛脱氢酶 BADH 基因的耐盐草莓及转 mtlDgutD 双价耐盐基因的耐盐猕猴桃；转三价融合基因 Rirol 的八棱海棠也具备一定的抗缺铁、耐盐胁迫等特性。

6. 提高果树抗病虫能力

应用转基因技术提高果树抗病虫能力是十分有效的。目前主要的抗病虫基因有胰蛋白酶抑制剂基因、植物凝集素基因、几丁质酶基因、洋李痘病毒（PPV）的 CP 基因、抗真菌蛋白基因 osmotin、番木瓜环斑病毒 PRV 的外壳蛋白 CP 基因、TRSV 外壳蛋白基因、CTV 外壳蛋白基因、CIP 基因、抗菌肽基因、苹果抗火疫病基因、抗菌肽 MB39 基因、杀菌肽基因、Bt 基因、豇豆胰蛋白酶抑制剂（CpTj）基因等。

抗病害方面，汤浩茹等通过农杆菌介导法将哈兹木霉几丁质酶 ThEn-42 基因导入核桃，能够有效缓解核桃疮痂病危害。刘庆忠等将抗菌的硫堇蛋白 Rsaf P1 基因成功转入苹果中，获得了抗苹果火疫病、黑星病、白粉病及腐烂的转基因植株。陈善春等将柞蚕抗菌肽 D 基因导入柑橘,获得了具有广谱杀菌作用抗性植株。方宏筠等用不同类型根癌农杆菌及质粒(抗菌肽基因为双价,包含有 CecropinB 和 ShivaA)感染樱桃矮化砧木茎尖获得了抗根瘤菌的植株,其中含 pTYB4A 的菌株 EHA105 转化效果最好。另外王关林等也获得了抗根癌菌病害的转基因樱桃植株。黄文江等将抗菌肽 MB39 基因导入樱桃获得抗性植株。罗赛男等研究发现,TERF1 基因的过量表达增强了糖橙的广谱抗病性。Malnoy 等将牛乳铁蛋白(BLF)基因转入梨栽培品种'帕斯-卡桑'西洋梨(Passe Crassane)之后,转基因植株对火疫病不再敏感,有效地防止了火疫病的发生。张开春等从圆叶樱桃克隆了多聚半乳糖醛酸酶抑制蛋白(PGIP)基因。这些研究为通过转基因技术防止病菌造成的果实腐烂奠定了良好的基础。

抗虫害方面,Bt 毒蛋白能够有效防治蚜虫及食叶类害虫。裴东等将 Bt 基因转入苹果优良栽培品种'红富士'、'早生富士'和'辽伏',获得了转基因植株。师校欣等利用农杆菌菌株介导法将豇豆胰蛋白酶抑制剂 CpTI 基因转入'富士'、'乔纳金'、'王林'、'嘎拉'等苹果主栽品种中,4 个品种均获得转化再生植株,有效地解决了果树的抗虫问题。

主要参考文献

陈力耕,周育彬,胡运权,等.1981.优良的辐射突变体418号红桔(初报),中国南方果树,3:1-3

陈善春,周育彬,张进仁,等.1992.辐射诱育柑橘无核品系的细胞遗传学研究.中国农业科学,25(2):34-40

陈振光,王家福.1991.柑桔球形合子胚的离体培养.福建农林大学学报(自然科学版),20(3):297-304

邓秀新.1995.柑桔种间体配融合及培养研究.遗传学报,22(4):316-321

巩振辉.2008.植物育种学.北京:中国农业出版社

侯义龙.2007.果树组织培养技术及其应用.北京:中国农业科学技术出版社

邝哲师,周丽侬,马雪筠,等.1997.荔枝体胚发生及成苗研究.广东农业科学,1:15-17

李小梅,邓新秀,邓伯勋.1999.柑桔体细胞杂种的叶片结构特征.华中农业大学学报,18(3):272-276

李雅志,崔曼如,曲桂敏,等.1993.山楂辐射诱发突变的研究.核农学报,7(1):9-15

李赟,束怀瑞,石荫坪.1999.苹果二倍体和三倍体的同工酶电泳分析.山东农业大学学报,30(1):6-10

利容千,王明全.2004.植物组织培养简明教程.武汉:武汉大学出版社

刘孝林,王如玉,徐耀山.1995.鸭梨的四倍体大果型芽变——天海鸭梨,2:13-14

陆兆新.1997.日本辐射诱变育种的最新进展.核农学报,6:298-299

吕柳新,余小玲.1993.荔枝幼胚的离体培养.福建农业大学学报,22(4):410-413

罗耀武,乔子靖,朱子英,等.1997.人工诱变获得四倍体玫瑰香葡萄的研究.园艺学报,24(2):125-128

时保华,付润民,赵政阳,等.1995.苹果叶片离体培养研究.西北植物学报.15(1):67-72

唐小浪,李志强,吴绍彝,等.1993.通过重复照射培育无核红江橙新品系.中国柑橘,22(4):18-19

王蒂.2004.植物组织培养.北京:中国农业出版社

王关林,方宏筠.2009.植物基因工程.北京:科学出版社

王国平.2005.果树的脱毒与组织培养.北京:化学工业出版社

王力超,江宁拱,周志钦.1996.苹果矮化砧木M_9的幼胚培养.果树科学,13(4):241-242

王同坤,于凤鸣,吴限策.1997.玫瑰香葡萄二倍体与四倍体的三种生化指标比较研究.河北农业技术师范学院学报,11(2):23-26

吴丽杰,李甲斌,刘旭霞,等.2002.苹果二倍体和三倍体几个生理指标的比较.河北果树,1:4-5

吴延军,张上隆,张岚岚,等.2003.桃幼胚子叶不定芽发生的初步研究.浙江大学学报(农业与生命科学版),29(1):93-96

夏海武.2009.生物工程·生物技术综合实验.北京:化学工业出版社

夏海武.2010.园艺植物基因工程.北京:科学出版社

夏海武,曹慧.2012.农业生物技术.北京:科学出版社

夏海武,陈庆榆.2008.植物生物技术.合肥:合肥工业大学出版社

阎国华,周宇.2002.桃幼胚下胚轴高频植株离体再生.果树学报,19(4):231-234

杨晓明,王翠玲.2005.葡萄多倍体诱导及其特征研究.甘肃农业大学学报,40(6):741-744

叶自行,许建楷,罗志达,等.1993.无核红江橙选育初报.中国南方果树,2:3-6

俞长河,陈振光.1997.幼胚和花药培养诱导荔枝胚性愈伤组织.福建农业大学学报,26(2):168-172

张献龙,唐克轩.2004.植物生物技术.北京:科学出版社

郑红军,李云,王秀昭. 1997. 苹果三倍体和二倍体气孔性状的研究. 落叶果树,增刊:26-30,中国南方果树,4:9-11

周丽侬,邝哲师,马雪筠,等. 1993. 荔枝幼胚培养及体细胞胚胎发生研究初报. 广东农业科学,5:14-15

周丽侬,邝哲师,马雪筠,等. 1996. 影响荔枝幼胚体细胞胚胎发生因素的研究. 农业生物技术学报,4(2):161-165

周延青,杨清香,张改娜. 2008. 生物遗传标记与应用. 北京:化学工业出版社

周育彬,彭定秀,陈善春,等. 1990. 中育7号和中育8号无核甜橙的经济性状及遗传学鉴. 中国南方果树,19(4):9-11

朱林,李佩芬,卢炳芝,等. 1992. 无核葡萄品种的胚珠培养和胚分化(简报). 植物生理学通讯,28(4):273-274

朱至清,王敬驹,孙敬三,等. 1975. 通过氮源比较试验建立一种较好的水稻花药培养基. 中国科学,5:484-490

Bachem C W B, Hoeven R S, Bruijn S M, et al. 1996. Visualization of differential gene expression using a novel method of RNA fingerprinting based on AFLP: analysis of gene expression during potato tuber development. Plant. J,9:745-753

Botstein D, White R, Skolnik M, et al. 1980. Construction of genetic linkage map in man using restriction fragment length polymorphism. Am. J. Hum. Genet,32:314-331

Bourgin J P, Nitsch J P. 1967. Obtention de *Nicotiana* haploides a partir detamines cultivees in vitro. Ann. Physiol. Veg. 9:377-382

Carlson P S, Smith H H, Dearing R D. 1972. Parasexual interspecific plant hybridization. Proc. Nat. Acad. Sci. USA,69:2292-2294

Cocking E C. 1960. A method for the isolation of plant protoplasts and vacuoles. Nature,187:962-963

Frohman M A, Dush M K, Martin G R. 1988. Rapid production of full length cDNAs from rare transcripts:Amplification using a single gene specific oligonucleotide primer. Proc. Natl. Acad. Sci,85:8998-9002

Gautheret R J. 1934. Culture du tissu cambial. C. R. Acad Sci. 198:2195-2196

Guha S, Maheshwari S C. 1964. *In vitro* production of embryos from anthers of Datura. Nature,204:497

Haberlandt G. 1902. Kulturversuche mit isollierten pflanzenzellen. S. B. Weisen Wien Naturwissenschaften. 111:69-92

Hanning E. 1904. Zur Physiologic pflanzlicher Embryonen. I. Über die cultur von Crucifever- Embryonen ausserhalb des Embryosacks. Bot. Ztg. 62:45-80

Horsch R B, Fry J, Hoffman N L, et al. 1985. A simple and general method for transferring gene into plants. Science,227:1229-1231

Kameya T, Hinata K. 1970. Induction of haploid plants from pollen grains of *Brassica*, Jpn. J. Breed. 20:82-87

Kao K N. 1977. Chromosomal behavior in somatic hybrids of soybean-Nicotiana glauca. Molec. Gen. Genet,150:225-230

Kotte W. 1922. Kultur versuche mit isolierten Wurzelspitzen. Beitr. Allg. Bot. 2:413-434

Melchers G, Labib G. 1974. Somatic hybridization of plants by fusion of protoplasts, I. Selection of light resistance hybrids of haploid light sensitive varieties of tobacco. Molec. Gen. Genet,135:277-294

Melchers G, Sacristan M D, Holder A A. 1978. Somatic hybrid plants of potato and tomato regenerated fromfused protoplasts. Carlsberg Res. Comm,43:203-218

Morel G. 1960. Producing virus-free Cymbidium. Am. Orchid Soc. Bull. 29:495-497

Nobecourt P. 1939. Sur la perennite et laugmentation de volume des cultures de tissus vegetaux. Compt. Rend. Soc Biol. (Paris). 30:1270-1271

Powell Abel,Pne Ison,Hoffrnan,et al. 1986. Delay of disease development in transgenic plants that express the tobacco mosais viruscoatprotein gene. Science,232:738-743

Power J B,Cummins S E,Cocking E C. 1970. Fusion of isolated plant protoplasts. Nature,225:1016-1018

Reinert J. 1958. Morphogenese und ihre Kontrolle an Gewebckuluren aux Carotten. Naturwissenschaft. 45:344-345

Robbins W J. 1922. Effect of autolysed yeast and peptone on growth of excised com root tips in the dark. Bot. Gaz. 74:59-79

Schweiger H G,Drik J,Koop H U,et al. 1987. Individual selection,culture and manipulation of higher plant cells. Theor. Appl. Genet. 73:769-783

Sharp W R,Raskin R S,Sommer H E. 1972. The use of nurse culture in the development of haploid clone of tomato. Planta(Berl),104:357-361

Skoog F,Miller C O. 1957. Chemical regulation of growth and organ formation in plant tissue cultured *in Vitro*. Symp. Soc. Exp. Biol. 11:118-131

Smith H O,Nathans D. 1973. A suggested nomenclature foe bacterial host modification and restriction systems and their enzyme. J. Mol. Biol,81:419-423

Steward F C,Mapes M O,Mears K. 1958. Growth and organized development of cultured cells II. Organization in cultures grown from freely suspended cells. Am. J. Bot. 45:705-708

Takebe I,Labib G,Melchers G. 1971. Regeneration of whole plants from isolated mesophyll protoplasts of tobacco. Naturwissenchaften,58:318-320

Watson J,Crick F. 1953. Molecular structure of nucleic:A structure for deoxyridose nucleic acid. Nature, 171:737-738

White P R. 1934. Potentially unlimited growth of excised tomato root tips in a liquid medium. Plant Physiol. 9(3):585-600

Williams J G,Kubelik A R. 1990. DNA polymorphisms amplified by arbitrary primers are useful as genetic marker. Nucleic Acids Res,18(22):6531-6535

附录 1　植物生物技术常用缩略语

ABA	abscisic acid	脱落酸
Ad	adenine	腺嘌呤
AFLP	amplified fragment length polymorphisms	扩增片段长度多态性标记
Amp^r	ampicillin resistance	氨苄青霉素抗性基因
ATP	adenosine triphosphate	腺苷三磷酸
6-BA	6-benzyladenine	6-苄氨基腺嘌呤
BAC 载体	bacterium artificial chromosome	细菌人工染色体载体
BAP	bacterial alkaline phosphatase	细菌碱性磷酸酶
BMV	brome mosaic virus	雀麦草花叶病毒
bp	base pair	碱基对
BSA	bovine serum albumin	牛血清白蛋白
CaMV	cauliflower mosaic virus	花椰菜叶病毒
CAPS	cleaved amplified polymorphism sequences	酶切扩增多态性序列
CAT	chloramphenicol acetyltransferase	氯霉素乙酰转移酶
CCC DNA	covalently closed circular DNA	共价闭合环状 DNA
CH	casein acid hydrolysate	水解酪蛋白
cDNA	complementary DNA	互补 DNA
CIP	calf intestinal alkaline phosphatase	小牛肠碱性磷酸酶
CM	coconut milk	椰子汁
CMV	cucumber mosaic virus	黄瓜花叶病毒
CPMV	cowpea mosaic virus	豇豆花叶病毒
2,4-D	2,4-dichlorophenoxyacetic acid	2,4-二氯苯氧乙酸
dATP	deoxyadenosine triphosphate	脱氧腺苷三磷酸
dCTP	deoxycytidine triphosphate	脱氧胞苷三磷酸
DDRT-PCR	differential display reverse transcription PCR	差别显示反转录 PCR
dGTP	deoxyguanosine triphosphate	脱氧鸟苷三磷酸
DMSO	dimethyl sulfoxide	二甲基亚砜
DNA	deoxyribonucleic acid	脱氧核糖核酸
dNTP	deoxy nucleoside triphosphate	脱氧核苷三磷酸
ds-DNA	double stranded DNA	双链 DNA
DTT	dithiothreitol	二硫苏糖醇
dTTP	deoxythymidine triphosphate	脱氧胸苷三磷酸

EDTA	ethylene diamine tetraacetic acid	乙二胺四乙酸
ELISA	enzyme-linked immunosorbent assay	酶联免疫吸附测定
EST	expressed sequence tags	表达序列标签
FDA	fluorescein diacetate	荧光素双醋酸酯
GA₃	gibberellic acid	赤霉素
GPI	glucose-6-phosphate isomerase	葡萄糖异构酶
GUS	β-glucuronidase	β-葡萄糖醛酸酶
GSP	gene specific primer	基因特异引物
IAA	indole-3-aceticacid	吲哚乙酸
IBA	indole-3-butyricacid	吲哚丁酸
2-iP	6-(γ,γ-dimethylallylamino)purine 或 2-isopentenyladenine	甲基丙烯嘌呤或异戊烯腺嘌呤
ISSR	inter simple sequence repeats polymorphisms	简单重复序列中间区域标记
KT	kinetin	激动素
L DNA	line DNA	线形 DNA
lac	lactose	乳糖
LH	lactalbumin hydrolysate	水解乳蛋白
lx	lux	勒克司（照度单位）
MCS	multiple cloning site	多克隆位点
MDH	malate dehydrogenase	苹果酸脱氢酶
ME	malt extract	麦芽浸出物
NAA	α-naphthaleneacetic acid	萘乙酸
OC DNA	open circles DNA	开环 DNA
Oligo(dT)	oligo deoxy thymidine	寡聚脱氧胸苷酸
ori	origin of replication	复制起点
PAGE	polyacrylamidegel electrophoresis	聚丙烯酰胺凝胶电泳
PAC	plant artificial chromosome	植物人工染色体
PCR	polymerase chain reaction	聚合酶链反应
PEG	polyethylene glycol	聚乙二醇
PGM	phosphoglucomutase	葡萄糖变位酶
Poly(dA)	poly deoxy adenosine acid	多聚脱氧腺苷酸
Poly(dT)	poly deoxy thymidine acid	多聚脱氧胸苷酸
PVP	polyvinylpyrrolidone	聚乙烯吡咯烷酮
PVX	potato virus X	马铃薯 X 病毒
QTL	quantitative trait loci	数量性状位点
RACE	rapid amplification of cDNA ends	cDNA 末端快速扩增技术
RAPD	random amplification polymorphism DNA	随机扩增多态性 DNA

RE	restriction enzymes	限制性核酸内切酶
RFLP	restriction fragment length polymorphism	限制性片段长度多态性标记
Ri 质粒	root-inducing plasmid	产生毛根的质粒
RIPs	ribosome inaction proteins	核糖体失活蛋白
r/min	rotation per minute	每分钟转数
RNA	ribonucleic acid	核糖核酸
RNase	ribonuclease	核糖核酸酶
RT-PCR	reverse transcription-PCR	反转录 PCR
SCAR	sequence characterized amplified region	序列特征化扩增区域
SDS	sodium dodecyl sulfate	十二烷基硫酸钠
SKDH	shikimate dehydrogenase	莽草酸脱氢酶
SNP	single nucleotide polymorphism	单核苷酸多态性
SRAP	sequence-related amplified polymorphism	相关序列扩增多态性
SSCP	single strand conformational polymorphism	单链构象多态性
ss-DNA	single stranded DNA	单链 DNA
SSR	simple sequence repeats	简单系列重复标记
STS	sequence tagged sites	序标签
TDZ	thidiazuron	一种细胞分裂素类物质
Tet^r	tetracycline resistance	四环素抗性基因
TGMV	tomatogolden mosaic virus	番茄金色花叶病毒
Ti 质粒	tumor-inducing plasmid	产生肿瘤的质粒
TMV	tobacco mosaic virus	烟草花叶病毒
UPM	universal primer	通用引物
VNTR	variable Number of Tandem Repeats	数目可变串联重复多态性
YAC	yeast artificial chromosome	酵母人工染色体
YE	yeast extract	酵母浸提物
ZT	zeatin	玉米素

附录 2　植物组织培养常用的培养基(单位:mg/L)

成分	White (1983)	Heller (1953)	MS (1962)	ER (1965)	B₅ (1968)	N₆ (1974)
NH_4NO_3			1650	1200		
KNO_3	80		1900	1900	2527.5	2830
$CaCl_2 \cdot 2H_2O$		75	440	440	150	166
$MgSO_4 \cdot 7H_2O$	750	250	370	370	246.5	185
KH_2PO_4			170	340		400
$(NH_4)_2SO_4$					134	463
$Ca(NO_3)_2 \cdot 4H_2O$	300					
$NaNO_3$		600				
Na_2SO_4	200					
$NaH_2PO_4 \cdot H_2O$	19	125			150	
KCl	65	750				
KI	0.75	0.01	0.83		0.75	0.80
H_3BO_3	1.5	1.0	6.2	0.63	3	1.6
$MnSO_4 \cdot 4H_2O$	5	0.1	22.3	2.23		4.4
$MnSO_4 \cdot H_2O$					10	
$ZnSO_4 \cdot 7H_2O$	3	1	8.6		2	1.5
$ZnNa_2 \cdot EDTA$				15		
$Na_2MoO_4 \cdot 2H_2O$			0.25	0.025	0.25	
MoO_3	0.001					
$CuSO_4 \cdot 5H_2O$	0.01	0.03	0.025	0.0025	0.025	
$CoCl_2 \cdot 6H_2O$			0.025	0.0025	0.025	
$AlCl_3$		0.03				
$NiCl_2 \cdot 6H_2O$		0.03				
$FeCl_3 \cdot 6H_2O$		1				
$Fe_2(SO_4)_3$	2.5					
$FeSO_4 \cdot 7H_2O$			27.8	27.8		27.8
$Na_2 \cdot EDTA \cdot 2H_2O$			37.3	37.3		37.3
$NaFe \cdot EDTA$					28	
肌醇			100	100		
烟酸	0.05		0.5	0.5	1	0.5
盐酸吡哆醇	0.01		0.5	0.5	1	0.5
盐酸硫胺素	0.01		0.1	0.5	10	1
甘氨酸	3		2	2		2

续表

成分	Miller (1967)	H (1967)	MT (1969)	WPM (1980)	LS (1965)	Norstog (1963)	Nitsch (1969)
NH_4NO_3	1000	720	1650	400	1650		720
KNO_3	1000	950	1900		1900	160	950
$CaCl_2 \cdot 2H_2O$	150	166	440	96	440		
$CaCl_2$							166
$MgSO_4 \cdot 7H_2O$	35	185	370	370	370	730	185
KH_2PO_4	300	8	170	170	170		68
$Ca(NO_3)_2 \cdot 4H_2O$	347			556		290	
Na_2SO_4						200	
K_2SO_4				990			
$NaH_2PO_4 \cdot H_2O$						800	
KCl	65					140	
KI	0.8		0.83		0.83		
H_3BO_3	1.5	10	6.2		6.2	0.5	10
$MnSO_4 \cdot 4H_2O$	14	25	22.3		22.8	3.0	25
$MnSO_4 \cdot H_2O$				22.4			
$ZnSO_4 \cdot 7H_2O$	1.5	10	8.6	8.6	8.6	0.5	10
$Na_2MoO_4 \cdot 2H_2O$		0.25	0.25	0.25	0.25	0.25	0.25
$CuSO_4 \cdot 5H_2O$		0.025	0.025	0.25	0.025	0.25	0.025
$CoCl_2 \cdot 6H_2O$			0.025		0.025	0.25	
$Fe(C_6H_5O_7) \cdot 3H_2O$						10	
$FeSO_4 \cdot 7H_2O$		27.8	27.8	27.8			27.8
$Na_2 \cdot EDTA \cdot 2H_2O$		37.3	37.3	37.3			37.3
$NaFe \cdot EDTA$	32				5		
肌醇		100	100	100	100		100
烟酸		0.5	5.0	0.5		1.25	5
盐酸吡哆醇	0.1	0.5	10	0.5		0.25	0.5
盐酸硫胺素	0.1	0.5	0.4	1.0	0.1	0.25	0.5
甘氨酸	2.0	2.0	2.0	2.0			2
叶酸	0.5	0.5					0.5
生物素		0.05					0.05
泛酸钙						0.25	

附录 3 植物原生质体培养常用的 KM8p 培养基(单位:mg /L)

试剂名称	浓度	试剂名称	浓度
KNO_3	1 900	山梨醇	250
NH_4NO_3	600	酪蛋白氨基酸	250
$CaCl_2 \cdot 2H_2O$	600	肌醇	100
$MgSO_4 \cdot 7H_2O$	300	柠檬酸	40
KH_2PO_4	170	苹果酸	40
KCl	300	延胡索酸	40
$MnSO_4 \cdot H_2O$	10.0	丙酮酸钠	20
KI	0.75	椰子乳	20
$CoCl_2 \cdot 6H_2O$	0.025	抗坏血酸	2
$ZnSO_4 \cdot 7H_2O$	2.0	烟酸	1
$CuSO_4 \cdot 5H_2O$	0.025	盐酸吡哆醇	1
H_3BO_3	3.0	盐酸硫胺素	1.0
$Na_2MoO_4 \cdot 2H_2O$	0.25	氯化胆碱	1
$Na_2 \cdot EDTA$	37.3	泛酸钙	1
$FeSO_4 \cdot 7H_2O$	27.8	叶酸	0.4
葡萄糖	68 400	核黄素	0.2
蔗糖	250	对氨基苯甲酸	0.02
果糖	250	维生素 B_{12}	0.02
核糖	250	生物素	0.01
木糖	250	维生素 A	0.01
甘露醇	250	维生素 D_3	0.01
鼠李糖	250	pH	5.6
纤维二糖	250		

附录 4 一些植物生长物质及其主要性质

名称	化学式	相对分子质量	溶解性质
吲哚乙酸(IAA)	$C_{10}H_9NO_2$	175.19	易溶于热水、乙醇、乙醚、丙酮,微溶于冷水、三氯甲烷,高温易分解
吲哚丁酸(IBA)	$C_{12}H_{13}NO_2$	203.24	溶于醇、乙醚、丙酮,不溶于水、三氯甲烷
α-萘乙酸(NAA)	$C_{12}H_{10}O_2$	186.20	易溶于热水,微溶于冷水,溶乙醚、丙酮、乙酸、苯
2,4-二氯苯氧乙酸(2,4-D)	$C_8H_5ClO_3$	221.04	难溶于水,溶于醇、乙醚、丙酮、碱
6-苄氨基腺嘌呤(6-BA)	$C_{12}H_{11}N_5$	225.25	溶于稀碱、稀酸,不溶于乙醇
激动素(KT)	$C_{10}H_9N_5O$	215.21	易溶于稀盐酸、稀氢氧化钠,微溶于冷水、乙醇、甲醇
玉米素(ZT)	$C_{10}H_{13}N_5O$	219.00	溶于乙醇,不耐热
苯基噻二唑基脲(TDZ)	$C_9H_8N_4O_5$	230.00	不溶于水,易溶于乙醇和碱
脱落酸(ABA)	$C_{15}H_{20}O_4$	264.31	溶于碱、三氯甲烷、丙酮、乙酸乙酯、甲醇、乙醇难溶于水、苯
赤霉酸(GA₃)	$C_{19}H_{22}O_6$	346.38	易溶于甲醇、乙醇、丙酮,溶于乙酸乙酯、碳酸钠和乙酸钠,微溶于水、乙醚
乙烯利	$C_2H_6O_3ClP$	144.49	易溶于水、甲醇、丙酮,不溶于石油醚,pH4.1以上放出乙烯
矮壮素(CCC)	$C_5H_{13}ClN$	158.07	易溶于水,溶于乙醇、丙酮,不溶于苯、二甲苯、乙醚

附录 5 主要分子标记产生体系及特点

比较内容	RFLP	RAPD	AFLP	SSR	ISSR
创立者及年代	Grodzicker et al. 1974	Welsh J. et al.；Williams JG. et al. 1990	Zebeau M.，Vos P. 1993	Litt M. et al；Talltz D，Weber JL. et al. 1989	Zietiewicz E. 1994
主要原理	限制酶切 Southern 杂交	随机 PCR 扩增	限制性酶切结合 PCR 扩增	PCR 扩增	随机 PCR 扩增
探针或引物来源	特定序列 DNA 探针	9～10bp 随机引物	由核心序列,酶切位点及选择性碱基组成的特定序列	特异引物	以 2-，3-，4-核苷酸为基元的不同重复次数作为引物
基因中丰富度	中等	很高	高	高	高
多态性水平	中等	较高	非常高	高	高
检测基因组区域	单/低拷贝区	整个基因组	整个基因组	重复序列	重复序列间隔的单拷贝区
可检测座位数	1～4	1～10	20～100	1～5	0～50 或更多
可靠性	高	中	高	高	高
遗传特性	共显性	共显性	共显性/显性	共显性	显性/共显性
DNA 质量要求	高 5～30μg	中 10～100ng	很高 50～100ng	中 10～100ng	中 2～50ng
需否序列信息	否	否	否	否	否
放射性	通常是	不是	通常是	不是	不是
实际周期	长	短	较长	短	短
开发成本	高	低	高	高	低

续表

比较内容	SCAR	STS	CAPS	SRAP
创立者及年代	Paran 1993	Olson M. 1989	Akopyanz 1992	Lig，Quiros CF. 2001
主要原理	特异 PCR 扩增	特异 PCR 扩增	PCR 扩增产物限制性酶切	PCR 扩增
探针或引物来源	RAPD 特征带测序设计的特异引物	RFLP 探针序列，Alu-因子，YAC，Cosmid 插入末端序列设计引物	特异引物	组成核心序列及 3′端 3 个选择碱基，对内含子区域、启动子区域进行特异扩增
基因中丰富度	中等	中等	中等	很高
多态性水平	很高	中等	中等	很高
检测基因组区域	整个基因组	单拷贝区	整个基因组	开放性可读框
可检测座位数	1	1	1	0～50 或更多
可靠性	高	高	高	高
遗传特性	共显性	显性/共显性	显性/共显性	显性/共显性
DNA 质量要求	中 5～10ng	高 5～100ng		中 10～100ng
需否序列信息	需	需	需	否
放射性	不是	不是	不是	不是
实际周期	短	短	短	短
开发成本	高	高	高	低

附录 6 常用的限制性核酸内切酶的主要性质

酶	识别序列	反应缓冲液	最适温度/℃	热灭活
Aac Ⅰ	C↓YCGRG	低盐	37	—
Acc Ⅰ	GT↓MKAC	中盐	37	—
*Bam*H Ⅰ	G↓GATCC	中盐	37	—
Bcl Ⅰ	T↓GATCA	中盐	60	—
Bgl Ⅰ	GCCNNNN↓GGC	中盐	37	+
Bgl Ⅱ	A↓GATCT	中盐	37	—
Bste Ⅱ	G↓GTNACC	高盐	60	—
Cla Ⅰ	AT↓CGAT	中盐	37	+
Dra Ⅰ	TTT↓AAA	中盐	37	—
*Eco*R Ⅰ	G↓AATTC	高盐	37	+
*Eco*R Ⅴ	GAT↓ATC	高盐	37	+
Hae Ⅲ	GG↓CC	中盐	37	—
Hind Ⅲ	A↓AGCTT	中盐	37~55	—
Hinf Ⅰ	G↓ANTC	中盐	37	+
Hpa Ⅰ	CTT↓AAC	低盐	37	—
Hpa Ⅱ	C↓CGG	低盐	37	+
Kpn Ⅰ	GGTAC↓	低盐	37	+
Mlu Ⅰ	A↓CGCGT	中盐	37	—
Nar Ⅰ	GG↓CGCC	低盐	37	+
Pst Ⅰ	CTGCA↓G	中盐	21~37	—
Rsa Ⅰ	GT↓AC	中盐	37	+
Sma Ⅰ	CCC↓GGG	缓冲液特别	30	+
Taq Ⅰ	T↓CGA	中盐	65	—
Xba Ⅰ	T↓CTAGA	高盐	37	++
Xno Ⅰ	C↓TCGAG	高盐	37	+

注:双关的核苷酸识别序列标准缩写字母:R=G 或 A,Y=C 或 T,M=A 或 C,K=G 或 T,S=G 或 C,W=A 或 T,H=A 或 C 或 T,B=G 或 T 或 C,V=G 或 C 或 A,D=G 或 A 或 T,N=A 或 C 或 G 或 T